本项目受国家自然科学基金委员会重大研究计划
"功能导向晶态材料的结构设计和可控制备"资助

"功能导向晶态材料的结构设计和可控制备"指导专家组

組　长：洪茂椿
专　家：吴以成　严纯华　李玉良　王继扬　陈仙辉　许京军
统　稿：洪茂椿　卢红成　邹国红

"功能导向晶态材料的结构设计和可控制备"管理工作组

成　员：陈拥军　陈　荣　黄宝晟　付雪峰　杨俊林　张守著
　　　　陈克新　王岐东　何　杰

国家出版基金项目
NATIONAL PUBLICATION FOUNDATION

总主编 杨 卫

功能导向晶态材料的结构设计和可控制备

Structural Design and Controllable Preparation of
the Function-Directed Crystalline Materials

功能导向晶态材料的结构设计和可控制备项目组 编

ZHEJIANG UNIVERSITY PRESS
浙江大学出版社

总　序

合抱之木生于毫末，九层之台起于垒土。基础研究是实现创新驱动发展的根本途径，其发展水平是衡量一个国家科学技术总体水平和综合国力的重要标志。步入新世纪以来，我国基础研究整体实力持续增强。在投入产出方面，全社会基础研究投入从 2001 年的 52.2 亿元增长到 2016 年的 822.9 亿元，增长了 14.8 倍，年均增幅 20.2%；同期，SCI 收录的中国科技论文从不足 4 万篇增加到 32.4 万篇，论文发表数量全球排名从第六位跃升至第二位。在产出质量方面，我国在 2016 年有 9 个学科的论文被引用次数跻身世界前两位，其中材料科学领域论文被引用次数排在世界首位；近两年，处于世界前 1% 的高被引国际论文数量和进入本学科前 1‰ 的国际热点论文数量双双位居世界排名第三位，其中国际热点论文占全球总量的 25.1%。在人才培养方面，2016 年我国共 175 人（内地 136 人）入选汤森路透集团全球"高被引科学家"名单，入选人数位列全球第四，成为亚洲国家中入选人数最多的国家。

与此同时，也必须清醒认识到，我国基础研究还面临着诸多挑战。一是基础研究投入与发达国家相比还有较大差距——在我国的科学研究与试验发展（R&D）经费中，用于基础研究的仅占 5% 左右，与发达国家 15%~20% 的投入占比相去甚远。二是源头创新动力不足，具有世界影响力的重大原创成果较少——大多数的科研项目都属于跟踪式、模仿式的研究，缺少真正开创性、引领性的研究工作。三是学科发展不均衡，部分学科同国际水平差距明显——我国各学科领域加权的影响力指数（FWCI值）在 2016 年刚达到 0.94，仍低于 1.0 的世界平均值。

中国政府对基础研究高度重视，在"十三五"规划中，确立了科技创新在全面创新中的引领地位，提出了加强基础研究的战略部署。习近平总书记在 2016 年全国科技创新大会上提出建设世界科技强国的宏伟蓝图，并在 2017 年 10 月 18 日中国共产党第十九次全国代表大会上强调"要瞄准世界科技前沿，强化基础研究，实现前瞻性基础研究、引领性原创成果重大突破"。国家自然科学基金委员会作为我国支持基础研究的主渠道之一，经过 30 多年的探索，逐步建立了包括研究、人才、工具、融合四个系列的资助格局，着力推进基础前沿研究，促进科研人才成长，加强创新研究团队建设，加深区域合作交流，推动学科交叉融合。2016 年，中国发表的科学论文近七成受到国家自然科学基金资助，全球发表的科学论文中每 9 篇就有 1 篇得到国家自然科学基金资助。进入新时代，面向建设世界科技强国的战略目标，国家自然科学基金委员会将着力加强前瞻部署，提升资助效率，力争到 2050 年，循序实现与主要创新型国家总量并行、贡献并行以至源头并行的战略目标。

"中国基础研究前沿"和"中国基础研究报告"两个系列丛书正是在这样的背景下应运而生的。这两套系列丛书以"科学、基础、前沿"为定位，以"共享基础研究创新成果，传播科学基金资助绩效，引领关键领域前沿突破"为宗旨，紧密围绕我国基础研究动态，把握科技前沿脉搏，以科学基金各类资助项目的研究成果为基础，选取优秀创新成果汇总整理后出版。其中"中国基础研究前沿"丛书主要展示基金资助项目产生的重要原创成果，体现科学前沿突破和前瞻引领；"中国基础研究报告"丛书主要展示重大资助项目结题报告的核心内容，体现对科学基金优先资助领域资助成果的系统梳理和战略展望。通过该系列丛书的出版，我们不仅期望能全面系统地展示基金资助项目的立项背景、科学意义、学科布局、前沿突破以及对后续研究工作的战略展望，更期望能够提炼创新思路，促进学科融合，引领相关学科研究领域的持续发展，推动原创发现。

积土成山，风雨兴焉；积水成渊，蛟龙生焉。希望"中国基础研究前沿"和"中国基础研究报告"两个系列丛书能够成为我国基础研究的"史书"记载，为今后的研究者提供丰富的科研素材和创新源泉，对推动我国基础研究发展和世界科技强国建设起到积极的促进作用。

第七届国家自然科学基金委员会党组书记、主任

中国科学院院士

2017 年 12 月于北京

前　言

　　材料科学是现代科学技术的基础和先导，是国际公认的核心科学领域之一。材料科学与国民经济、工程技术和国家安全密切相关，对推动国家社会和经济发展至关重要。发达国家为保持其经济和科技的优势，纷纷把新材料作为科学技术发展的关键领域。

　　新材料的发明和应用是人类文明的里程碑。材料科学的发展推动了人类社会和文明的进步。长期以来，人们采用材料科学的新范式寻求新材料，即根据已知科学规律来预测材料性能或按照应用所需求的特性来设计制备具有特定功能的新材料，以缩短新材料的研制周期。至今，科学家已逐步掌握材料宏观性能与结构（分子结构和空间结构）的相关性，并进一步探究其内在规律，开始在量子化学和结构化学基础上系统讨论结构与性能的关系，以发展新材料。

　　材料的功能性质主要来源于其光、电、声、磁、热及机械等效应或其组合效应（如光伏效应、电光效应、声光效应、磁电效应和热电效应等），其研究和应用正由单一功能向多功能复合方向发展。众所周知，材料的光、电、磁性能主要取决于材料的电子、自旋和轨道行为，而材料的电子结构主要取决于构成材料的原子及其空间排列。在材料科学研究中，晶态材料是固态材料的主体，具有结构有序稳定、本征特性多样、物理内涵丰富、构效关系明确、易于复合调控等特征。现代科技的发展，使我们可以实现功能导向的结构设计、化学合成和材料制备，获得所需特定应用特性的材料和器件。因此，进一步深化和提高对晶态材料科学本质的认识，深刻认识材料构效关系及其内涵，可以为晶态材料的功能导向设计与制备提供坚实的理论依据，从而发现和制备完全由人工设计的颠覆性新材料，推动国民经济和科学技术飞速发展。

在晶态材料研究领域，经过几代人的努力，我国已在非线性光学晶体材料的结构设计和晶体生长等方面取得了令人瞩目的研究成果，从 20 世纪 80 年代开始，一直引领着该领域的国际发展方向。我国科学家发明了具有自主知识产权的被誉为"中国牌"晶体的偏硼酸钡（BBO）、三硼酸锂（LBO）、氟硼铍酸钾（KBBF）、高掺镁铌酸锂（LN）和磷酸精氨酸（LAP）等高性能非线性光学晶体材料，还提出了阴离子基团理论、双重基元结构模型、负离子配位体结构模型和晶体生长亚台阶理论等，丰富了国际晶体生长理论宝库，为该领域发展奠定了坚实基础。同时，我国开拓了介电体超晶格的研究，从理论和实验上开创了一条结合介电体微结构设计和现代晶体生长技术探索新型光电功能材料和器件的道路，获得了举世瞩目的成就。

晶态材料领域国际竞争的日益加剧，许多涉及国家安全的关键技术发展与晶态材料密切相关。但纵观全局，具有我国自主知识产权的新型功能材料较少，跟踪研究较多，高技术产业对国外技术的依赖性强等问题，极大影响了国家整体的竞争力，特别是在国防建设和高科技领域，受到西方发达国家的制约更为明显。为此，系统加强新型晶态功能材料的基础研究刻不容缓，以扭转我国在新晶态材料研究方面的被动状况，尽可能用最短的时间，进一步形成在晶态材料研究领域的自主研究特色，在晶态材料研究和应用方面取得突破性进展，创制一批有自主知识产权的新材料，特别是在非线性光学晶体材料方面实现新的跨越。

　　材料研究不仅需要坚实的材料科学与工程学科基础，还依赖化学、物理学、信息学乃至数学和生物学等多学科领域的广博学识。化学家在材料的设计、可控制备、结构调控与优化和物理化学性质表征等方面有长足优势，特别是在发现新化合物等方面具有开创性，开拓了新材料研究的源头；物理学家擅长材料的新现象、新性能及其机制的研究，在新材料的发现和应用过程中起着不可替代的保证作用；材料学家以材料制备为己任，以优化材料性能、解决材料应用过程中的关键工程技术为重点，是新材料从制备到应用的落实人；信息学家等承接新材料研究的成果，与国家重大需求和应用密切结合，为材料的实用开拓了广阔空间。因此，本重大研究计划开展化学、物理学、材料学和信息学等多学科的交叉合作，旨在发现新材料、提出新理论、建立材料设计和合成的新方法，落实材料的应用，并和国家经济社会发展密切结合，缩短材料的研究周期，满足国家重大需求，加速提升我国材料研究的综合实力。

　　开展晶态功能材料的前沿研究，一方面要深入研究材料的分子结构和空间结构，另一方面要全面研究材料的宏观物理化学性能，并结合量子化学和固体能带理论研究材料的电子结构，以寻求和确定对晶态材料功能性质起主导作用的结构基元或其他因素。通过理论模拟，我们可以建立与性能相适应的模型，从理论上预测化合物的物理化学性能，验证对功能起主导作用的结构基元，进一步修饰和优化结构基元，实现材料性能的设计和调控。

　　本重大研究计划以国家需求和材料的功能为导向，重点探讨晶态材料结构、组成和性质关系，提出新材料探索的新机制和新模型；根据对材料功能的需求来设计和调控材料结构，可控制备一批具有特定功能的新型晶态材料，建立自主创新的材料研究新理论、制备新技术和材料新体系，开辟一个知识创新和技术创新的重要源头；发现晶态材料的光、电、磁及其复合性能与空间结构和电子结构之间的内在关系规律，揭示决定晶态材料宏观功能的结构基元及其在空间上的集成方式，为实现功能导向晶态材料的设计和制备提供理论基础。此外，实际应用对光电转换材料、非线性光学晶体材料、激光和荧光晶体材料、铁电和微波介电材料等都提出了许多新要求。

本重大研究计划在执行期间提出三个主要科学问题：①晶态材料功能和物性的关键结构基元的确定；②材料功能、物性及其微观结构的关系与规律；③基于功能基元晶态材料的设计和制备可控性。主要开展了晶态材料功能特点及结构基元关系，功能基元间的协同及构效规律，晶态材料的计算、模拟与功能优化，晶态材料的设计、合成与可控制备新方法，晶态材料微结构的分析与表征新方法，晶态材料的功能及应用这六方面的研究工作。在以下三方面取得了重要突破：①发展功能基元理论，指导具有光、电、磁及其复合功能晶态材料的研制，形成物理、化学与材料科学交叉的新学科生长点；②基于功能基元理论，建立与发展晶态材料的可控合成及组装、功能基元的探测与表征、材料性能的模拟与预测等研究方法；③获得一批具有国际影响，且对相关技术及产业具有引领作用的晶态材料，特别是在激光晶体和非线性光学晶体材料方面获得的系列高性能材料体系，进一步提升了我国晶态材料研究的原创能力。

本重大研究计划从功能基元出发，在功能导向晶态材料的结构设计和可控制备领域取得了重大进展并实现跨越式发展，在磁性分子材料、铁电分子材料、功能分子金属有机框架（MOF）材料、非线性光学晶体材料领域引领国际研究方向，在晶态透明陶瓷激光材料、能量转换材料、新型 Fe 基超导体材料和仿生晶态材料等领域取得了长足的进展；发展单原子可极化轨道新型非线性光学理论，在国际上率先发现一批新型深紫外非线性光学晶体材料。

项目实施期间，一共发表研究论文 4016 篇，其中发表在 *Science* 7 篇，*Nature* 3 篇，*Nature* 子刊 31 篇；申请发明专利 536 件，已授权 308 件，包括PCT专利8件；参加国内外特邀学术报告273次，其中国际特邀163次。获得国家自然科学奖二等奖10项，国家技术发明奖二等奖2项，发展中国家科学院化学奖1项。

在人才培养方面，通过本重大研究计划的实施，8名项目专家或负责人当选中国科学院院士，23人获得国家杰出青年科学基金资助，6人获得优秀青年科学基金资助，造就了一支在国际上有很强竞争力和影响力的研究团队。建立晶态材料研究与合作的新模式，造就了一支有国际影响的由物理、化学和材料科学相关学科交叉、互相渗透而又协调统一的研究队伍。

本重大研究计划实施期间，保持和发展了我国在晶态材料研究的优势，提出了进一步发展的战略和建议，被科技部和国家自然科学基金委员会等采纳，为今后的发展奠定了坚实的基础。

2021 年 11 月于福州

目 录

第1章　项目概况

1.1　项目介绍

本重大研究计划是国家自然科学基金委员会在"十一五"期间组织化学、物理和材料等多学科的科学家充分论证后，启动的一项化学材料领域的重大研究计划。国家自然科学基金委员会化学科学部联合工程与材料科学部等，在经过前期的酝酿和准备后，于2009年启动本项目。自2009年1月首次正式发布指南、接受申请以来，本重大研究计划共正式发布指南和接受申请6次（2009—2012各年度，2014年度，2016年度），收到申请书共计658份，经专家通讯评审和会议评审，正式资助项目158项（其中培育项目124项，重点项目29项，集成项目3项，战略项目2项），资助总经费1.88亿元。项目涉及国家自然科学基金委员会化学、工程与材料、数学物理和信息4个科学部，主要归属化学和工程与材料科学部。

1.1.1　总体布局

项目部署主要分为两个阶段，前一阶段为培育阶段，围绕指南的核心问题，采取点面结合的方式，以自由探索为主，面向社会征集项目，鼓励自由探索，并兼顾一些重要方向的培养。在培育阶段，共收到项目申请书658份，经专家通讯评审和会议评审，正式资助项目158项。在阶段评估的基础上，根据晶态材料的学科前沿发展趋势，以晶态材料为主线，对研究计划进行增补和调整。

后一阶段进一步凝练重大科学问题，根据前期研究成果，重点集成、加强资助。2012年，通过近3年的努力，本重大研究计划在支持的各个方向上都取得了可喜的突破和进展，在分子基功能材料、激光和非线性光学晶体材料、能量转换材料等主要领域实现其光功能、磁性、吸附与催化、能量转换、超导、铁电和多铁性能等。为此，专家组计划在分子磁体、分子基铁电和多铁材料、分子基金属有机框架材料、分子基光功能材料、非线性光学和激光晶体材料、能量转换材料6个方向凝练集成项目。2014年，对前期项目再次归纳总结形成了磁电功能分子晶态材料、分子铁电体材料和层状超导、热电材料3个集成方向。

本重大研究计划自正式启动以来，始终遵循"有限目标、稳定支持、集成升华、跨越发展"的总体思路，围绕化学、材料和物理科学交叉领域的科学前沿开展创新性研究。项目组将顶层设计与集成升华相结合，不断凝练重大科学问题和科学目标，积极促进学科交叉。在实施过程中，充分发挥专家学术管理与项目资助管理相结合的管理模式，定期由专家组制定实施规划书、资助计划和项目指南，主持项目评审、年度交流会，审阅进展和结题报告，遴选集成项目；管理组协助专家组进行战略规划、组织学术活动和项目评审，负责申请和资助项目的日常管理。项目组通过发布具有明确导向的项目指南，将目标导向与科学家自由探索相结合，确保项目能围绕重大科学问题和科学目标针对性地展开研究；严格专家通讯评审和会议评审程序，确保项目评审和项目资助的公正性，遴选出优秀的申请项目；加强学术交流和进展情况检查，确保项目完成的质量。

1.1.2 项目实施概况

本重大研究计划的组织实施充分体现了"依靠专家""科学管理""鼓励交叉""激励创新"的宗旨，体现以应用目标为导向、深入开展基础研究和应用基础研究的特点。项目的实施与实行为基金资助管理体制与专家学术管理体制相结合的管理结构。设立重大研究计划指导专家组和管理工作组，建立分工不同的、相互协调与互动的、相互制约的有序工作关系。具体组织特点主要如下。

①充分发挥指导专家组"专家规划，顶层设计，科学指导"的学术职能。专家组由来自不同学科领域的 7 名科学家组成。主要工作职责包括开展战略研究、负责总体部署、制定重大研究计划实施规划书；制定年度资助计划和项目指南；主持项目评审会、提出资助方案；审阅进展报告和结题报告；主持学术研讨与交流活动，实地考察项目进展情况；提出调整方案的建议；编制年度工作报告；负责中期自评估工作，编制重大研究计划自评估报告和阶段实施报告；实施期满，负责总结、编制总结报告和战略研究报告等。依靠指导专家可以很好把握重大研究计划基础性、前瞻性和交叉性的研究特征，实现国家重大需求和科学前沿有限目标的有机结合。

②明确管理工作组"协助专家、日常管理"的行政职能。管理工作组主要由国家自然科学基金委员会中与研究计划相关的科学部和计划局及国际合作局的工作人员组成。主要工作职责包括协助专家组进行科学规划、学术指导和战略调研；协助专家组组织学术活动，如项目检查、学术交流、自评估及总结等；组织项目评审；承担资助项目的日常管理；协助计划局

组织重大研究计划的中期评估和验收工作；向委务会汇报重大研究计划阶段实施报告、总结报告和战略研究报告等。通过管理工作组的工作，落实国家自然科学基金委员会重大研究计划的管理政策，确保发布指南、申请、评审、资助、进展和结题检查、评估、总结等工作流程的顺利进行；同时加强与专家组的互动，及时为专家组提供项目申请和执行的信息，协助专家组组织学术活动，确保专家组在顶层设计、战略规划、科学评价、集成升华等时掌握第一手材料。

③采用常规管理与动态管理相结合的模式。本重大研究计划在开展前三年按年度发布包括"培育项目"和"重点支持项目"在内的申请指南，申请必须符合项目指南，同时要体现交叉研究的特征以及对解决核心科学问题和实现项目总体目标的贡献，确保符合"有限目标"的要求。项目立项和发布指南时，引入竞争、激励机制，以较大的强度资助最具有创新学术思想和科学价值的项目。所有项目必须经过通讯和会议两级评审程序，确保项目评审的公正性。通过指导专家组实施动态管理，对于在实施过程中存在严重问题的各类项目可决定终止，对进展良好、创新性强、有突破前景的在研项目可在项目中期检查或本重大研究计划阶段评估后通过集成方式进行持续支持研究，并通过组织项目群的方式加强研究目标的凝练。

④促进和加强学科交叉和课题合作。为加强研究计划项目的学术思想与信息交流，促进多学科交叉与集成，以及研究群体的形成，在项目开始前，专家组分别在全国几个点（合肥、长春、西安、南京、福州等）举办了申请指南的宣讲会，引导组织学科交叉的研究群体。在项目的实施过程中，举办了年度"重大研究计划"学术会议（2011 年 2 月 28 日—2011 年 3 月 2 日，福州；2012 年 2 月 20 日—2012 年 2 月 22 日，重庆），要求项目负责人有义务参加重大研究计划专家工作组和管理工作组所组织的年度学术交流活动，做口头报告和墙展。年度学术交流会为各课题提供了展示研究思路、基础、条件和成果的平台，有效地促进了化学、生物学、医学、

生物信息学等学科的交叉。年度学术交流会还邀请了领域内的国内外知名专家做专题学术报告，对符合本重大研究计划目标和要求的研究，邀请或建议专家申请第二年的重大研究计划项目。我们认为年度学术交流会议是较为成功的一种推动学科交叉、学科发展的形式。

⑤科学评价、鼓励原始创新和培养交叉人才。指导专家组通过年度在研项目的学术研讨与交流会议对重大研究计划执行情况进行评价，遴选集成项目时要求项目负责人提交五篇代表性论文，并就主要研究工作的创新性、科学价值以及国内外的影响等进行评价，并投票选出完成较好的项目进入集成内容。评价标准严格围绕本重大研究计划的总目标和指南内容，对不符合目标的研究工作不予纳入成果统计范围。本重大研究计划强调支持项目与人才培养结合，把项目实施期间培养具有交叉学科背景的研究生作为考核的指标之一，培养和稳定了一批年轻、有创新意识、具有交叉学科研究能力的科研人才。

1.1.3　学科交叉情况

本重大研究计划充分体现了多学科的相互交叉。有化学学科（包括有机合成化学、分析化学、无机化学、物理化学、结构化学）和材料学科的交叉合作，化学学科和物理学科的交叉合作，材料学科和物理学科的交叉合作，同时也推动了化学、材料和物理三学科的交叉合作。在新材料研究的大方向上，各学科相互渗透，优势互补。既解决了新材料的制备和表征中的重要科学问题，又促进了各学科相关前沿的研究，同时对制约我国经济和国防安全的瓶颈材料进行了技术突破。具体体现在以下几方面。

①有机合成化学与金属有机框架（MOF）材料的交叉融合。一方面，利用有机合成化学，提供了特定的桥连有机分子配体，大大促进了 MOF 材料的设计和功能化，使得 MOF 材料呈现各种优异、有特色的材料功能（如

吸附、分离、光电传感等），向实用化迈进；另一方面，利用 MOF 材料的结构特殊性，可以简单、易行地制备出活性高、稳定性好的新型催化剂，便于贵金属回收利用，降低贵金属在催化过程的用量，从而促进 MOF 材料在有机合成领域的应用，与有机合成化学实现新的学科交叉。

②无机化学与材料科学的交叉融合。发挥无机化学在新物质的创造、组成、结构、物质之间的变化规律、化学反应的机制等方面的研究优势，面对材料科学迅猛发展的挑战和人类对高性能多功能材料提出的新要求，开展学科交叉和融合，推动新材料研究的快速发展。

③化学与物理学的交叉融合。通过合成化学产生的宏观材料或系统中的多种性质协同效应及其连接的表界面体系以及载流子的产生和输运等是物理、化学交叉领域的关键科学问题。作为化学和物理学交叉研究的重要目标，本重大研究计划很好地解决了如何获得结构与功能稳定的分子材料；如何实现分子材料独特的多尺度效应；如何通过物理和化学的交叉手段研究分子材料中载流子产生和输运特性；如何深刻理解电荷传递、能量转换以及建立和发展各种体相和表界面的合成等方面的关键科学问题。

④材料学与物理学的交叉融合。从材料合成的角度，发展了在液氨中合成插层铁基超导体的方法，在 $A_xFe_2Se_2$ 中得到了固相方法无法获得的 T_c 高于 40K 的超导电性。从结构设计出发，合成了组合复杂结构的 $Ba_2Ti_2Fe_2As_4O$ 超导体，发展出探索超导材料的新方向。在热电材料研究中，从材料结构设计调控热电性能的思想出发，合成了数种具有优良热电性能的化合物，还发现了有望成为电子晶体、声子玻璃的新颖结构类型。

⑤化学、材料学与物理学的交叉融合。发挥化学家在材料的设计、可控制备、结构调控与优化等方面优势，从源头上发现新材料；发挥物理学家在材料的新性能和新现象及其机制的研究优势，对发现材料的新应用方向有着不可替代的作用；材料学家以优化材料性能、解决材料应用过程中的工程难题为重点；三学科的交叉融合，加速满足面向国家在国防和经济建设中对关键高性能材料的需要。

1.2 研究情况

1.2.1 总体科学目标

本重大研究计划以发现晶态材料的光、电、磁及其复合性能与空间结构及电子结构之间的内在关系规律，揭示决定晶态材料宏观功能的功能基元及其在空间的集成方式为研究重点，为实现功能导向晶态材料的设计和制备提供理论基础，引领相关学科的交叉、融合与发展，将在以下几方面取得重要突破。

①发展功能基元理论，指导具有光、电、磁及其复合功能晶态材料的研制，形成物理、化学与材料科学交叉的新学科生长点。

②基于功能基元理论，建立与发展晶态材料的可控合成及组装、功能基元的探测与表征、材料性能的模拟与预测等研究方法。

③获得一批具有国际影响且对相关技术及产业具有引领作用的晶态材料，特别是在激光晶体和非线性光学晶体材料方面获得 1~2 种高性能材料体系，进一步提升我国晶态材料研究的原创能力。

④建立晶态材料研究与合作的新模式，造就一支有国际影响的由物理、化学和材料科学相关学科交叉、互相渗透而又协调统一的研究队伍。

1.2.2 核心科学问题

功能导向晶态材料研究的最基本问题是发现具有特定物理性质或功能的固态化合物，并研究它们的作用机制。本重大研究计划旨在设计、合成新型的固态化合物，阐明其结构与性质及功能的关系，实现材料的结构调控，优化材料性质，提高材料的应用性能。项目组将组织包括化学、物理、材料等多学科的科学家共同研究，解决以下主要科学问题。

（1）决定晶态材料功能和物性的关键功能基元确定

目前，虽然人们对结构与功能之间的关系已经有一定的认识，但是功能材料的合成与筛选往往带有随机性，如何根据结构与功能之间存在的客观规律有目标地设计和合成一些新型晶态材料，拓展和丰富新型晶态材料，仍是有待解决的科学难题。例如，高温超导材料多具有二维层状结构，如铜系氧化物中的 CuO_2 结构层、MgB2 中的具有石墨结构的 B 层、LaOFeAs 中反萤石结构的 FeAS 层；而很多固体电解质和电极材料常常具有骨架结构以及金属离子载流子的无序分布结构特征；在一些固体化合物中，人们还发现一些特定结构单元可能具有特定的物理性质，即所谓的"功能基元"概念。如热电材料要求同时具有较好的导电性和低的导热性，这两种性质从物理来源上是相互矛盾的，但如果在同一晶体中"设计并组装"不同的"功能基元"，则有望实现这两种性能在一种材料中同时存在；非公度结构化合物 $[Pb_{0.7}A_{0.4}Sr_{1.9}O_3]$ $[CoO_2]_{1.8}$ 中的 CdI_2 构型的氧化物层具有较好的导电性，而具有 NaCl 结构的氧化物层具有较低的导热性质；另外，非公度结构也会阻止热振动波在晶体中的有效传播。因此，具有不同性能的结构单元合理组合是设计和合成具有特定功能的新型晶态材料有效方法。要解决这一科学难题，必须从以功能为导向的结构设计入手，重点开展以下两个方面的工作。

①合成与研究具有特殊结构与形态的物质与体系，如笼、球、大环、长链、微孔、插层、网格、空腔等结构，表面有序结构，以及这些功能基元的组装；研究这些结构所导致的特殊性能，如非线性、激光、发光、半导体、磁性及复合性能等。在原子和分子水平上研究结构与性能的关系规律，在此基础上发现并应用一批功能敏感的新型晶态材料。

②系统开展晶态材料的功能基元组装、修饰和光电磁性能调控等方面的工作，研究其合成、结构及光电磁性能调控规律；探讨晶态材料中长程电子传输、长程磁有序、能量转换等基本科学问题。

（2）晶态材料功能、物性及其微观结构的关系及其规律

晶态材料的微观结构和对称性决定了材料的物理性质。如光电功能晶体大多数是以氧化物为基元、以钙钛矿为典型结构的共价键型晶体，其基本特征是复杂的晶胞结构、窄能带、宽能隙以及不可忽略的电子关联状态。而这类材料具有许多借助于现有能带理论无法彻底解释的令人惊异的物理性质，如高温超导性、特大巨磁电阻性、异常的压电、铁电行为以及相变的杂质敏感性。这一方面预示着作为当代物质科学的主流理论的能带论将会有所突破，另一方面也为功能晶体及其微结构的研究带来了机遇。探究这一科学难题，必须从以下三个方面重点开展工作。

①建立与发展新的理论方法，在多层次多尺度上计算、模拟和预测材料的结构与性质（如磁性、电性和光学性质），设计具有特定功能和有重大实用背景的晶态材料。与其他相关研究计划进行紧密合作，为新材料的结构和性能研究提供理论支持。

②揭示和掌握材料功能基元的结构（如原子、离子、分子、基团等）相互作用方式（如共价键、离子键、配位键及氢键、 π - π 堆积作用等）与其性能（如光、电、磁及其复合性质）的关系，揭示晶态功能材料宏观对称性及其功能性质之间的关系。

③研究相关体系在外界扰动（如磁场、电场、光场、温场、压力等）下的物性响应和调控机制，寻找具有实用价值的控制技术。探索制备具有强磁性和铁电性的多铁性晶态物质及其制备新方法。

这些问题的逐步解决将促进我们更深刻地理解各种光、电、磁的基本过程和组成晶体的原子、分子（基团）结构、对称性以及能带结构之间的相互关系，从而为晶体设计提供更坚实的理论依据。

（3）基于功能基元晶态材料的设计原理和可控制备

通过前面发现的晶态材料的构效关系和规律，可根据功能需求设计结构，根据结构设计合成反应，实现晶态材料的可控合成与可控组装，从而探索新的物理效应和发现新的材料。此外，新型晶态材料的发现往往需要采用新的合成方法和技术，但使其成为具有实际应用价值的功能材料还需要对其物理性质和微观机制进行深入测试、分析和评估，这便需要发展材料表征新方法。因此，根据晶态功能材料的发展趋势，本重大研究计划努力促进化学家与物理学家及材料科学家之间的密切合作，共同发展并完善晶态功能材料的合成、制备和表征新方法。该核心科学问题主要包括以下五个方面内容。

①对选定的晶态功能材料体系进行修饰或掺杂，通过结构调控实现晶体结构与形态的可控生长，发展功能基元的组装方法，实现晶态材料功能的增强与复合。

②建立功能基元及材料的探测与表征新方法，重点发展原位、时间分辨、微区结构的表征技术，全面测量合成材料的相关性质。

③系统开展晶态材料的组装技术研究，通过功能基元的结构设计和裁剪，组成新型功能晶态材料。研究组装机制、组装过程驱动力、控制因素以及功能基元与宏观功能的相互关系等。

④发展非常规晶态材料的合成及表征新方法，重点研究亚稳相晶态材料的极端条件合成新技术，如薄膜结构材料的制备新方法、高温高压合成、软化学制备方法等。

⑤基于国家大科学装置，发展高空间分辨、高能量分辨和高时间分辨的新理论、新方法和新技术，为晶态材料的物性和机制研究提供微观结构信息。

1.3 取得的重大进展

本重大研究计划充分发挥化学、材料和物理等多学科交叉合作的优势，以晶态材料的光、电、磁及其复合等功能为导向，对晶态材料产生功能最基本的组成和结构基础，即功能基元进行深入研究，揭示决定晶态材料宏观功能的功能基元及其在空间的集成方式，为实现功能导向晶态材料的结构设计和可控制备提供理论基础，并在下列几个方向取得了重大进展，实现了跨越式发展。

（1）分子基材料研究已占领国际高点

①磁性分子材料。从功能基元出发，在国际上率先提出构筑稀土单分子磁体的对称性策略，报道首例有机金属稀土单离子磁体，创造并一直保持单分子磁体阻塞温度的新纪录，研究工作已占领国际高点。

②铁电分子材料。首次观察到铁电畴并发现铁磁与铁电有序共存现象，在国际上率先提出对称性破缺产生铁电性磁－电耦合材料的新理论。

③功能分子 MOF 材料。基于分子设计与晶体工程原理，发现了新奇的多孔结构和动态变化行为，并实现了优异的吸附、分离、传感、催化及导电等功能。

（2）非线性光学晶体材料引领国际研究

①提出不对称复杂结构功能基团产生非线性光学效应（NLO）结构设计新思想，发展了非线性光学晶体理论，由此在国际上首先发现一批新型的功能晶体材料。非线性光学晶体继续引领国际上该领域的研究。

②提出"两种不对称结构基元的协同作用"理论，实验证实不对称单元偶极相互作用增强的机制，由此发现了一系列新颖锑硫属红外非线性光学晶体。

③提出晶界工程和多晶微结构新理论，在晶态透明陶瓷激光材料上取得重大突破，使我国成为继美国之后第二个实现多片叠加万瓦激光输出的国家。

（3）能量转换材料研究取得重大突破

①通过多功能基元的协同作用和定向合成，在新颖热电材料研究上取得重大突破，发现了系列具有优良性能的新型锑基结构热电材料，在国际上引领该领域的发展。

②发现系列新型 Fe 基超导体材料，*Materials Research Society* 和 *American Physical Society* 对此进行专题报道，引领了 41 个国家的 350 多个课题组开展后续研究，在国际上产生重大影响。

（4）推动我国化学、材料和物理学科的发展

为我国化学、材料和物理学科的合作和交流提供了坚实有效的研究平台，取得一系列重要的具有跨学科意义的重大研究成果。

①第一次实现了具有三重价态 Mn 的钙钛矿型氧化物（ABO_3）合成，该三重价态固体的单晶具有原子或分子尺度的 p-n 结，从而开启了晶态材料性能调控的新方向。

②利用电化学方法制备的、长程有序且高表面积的纳米半导体与有机吸光材料进行杂化，有效改善电子传输材料和空穴传输材料的界面接触，同时提高吸光效率和载流子的迁移率，进而发展系列新颖结构的纤维电池。

③发展具有一维原子链结构的无机相变体系设计与化学调控，揭示了该体系结构演变规律，在实验上验证著名固体化学家古迪纳夫（Goodenough）在20世纪70年代预言的原子链中原子间距影响电学性能，提出获得氢化 VO_2 结构代表性的方法。

④率先报道 $LuFe_2O_4$ 中的多重电荷有序态及纳米相分离，系统研究

$LuFe_2O_4$ 材料中强的非线性电输运特性；首次报道 Fe_2OBO_3 电荷序体系中的纳米极化畴和强磁电耦合效应，并给出了两者间的关联模型。

⑤结合第一性原理计算和同步辐射及中子衍射，表征研究和认识新型功能材料的磁、电特性及其耦合效应，已取得重要的研究进展。

本重大研究计划的实施极大提高了我国化学、材料和物理等多学科的科研队伍的创新能力。科学家们在开展研究时能主动培养创新意识，紧紧围绕研究晶态材料功能及其与结构关系，探究功能基元间的协同及构效规律，实现晶态材料的结构设计与可控制备这三大研究内容，实现多学科的交叉融合和多个重要的原始创新，并在以下几个重要研究领域取得了国际领先的创新性研究成果。

①从功能基元出发，设计合成一系列单分子磁体，开辟单离子磁体新领域，能垒（>2200K）创纪录，磁阻塞温度首次突破液氮温区。

②提出利用限域空间超分子作用强化分子识别的学术思想，挑战传统多孔材料优先吸附烯烃这一局限；合成具有反转吸附选择性的微孔 MAF 晶态材料用于纯化丁二烯。

③首次发现羟基自由基对分子筛成晶的影响；提出新的分子筛晶态材料的生成机制，实现机制研究的重要突破。

④设计合成一例超薄二维晶态材料，其独特的电子结构能极大降低 CO_2 的活化能垒，能够高效电催化还原 CO_2 制液体燃料。

⑤发展了"相界面应变"新方法，以两相共晶调控晶格应变进而产生巨极化晶态铁电薄膜材料，把经典 $PbTiO_3$ 铁电体极化提高 3.8 倍，把之前国际报道的铁电体最高值提升 80%。

⑥首次利用仿生矿化制备与天然珍珠层高度类似的人工珍珠母晶态材料。该方法制备出的晶态材料强度高、韧性大，可用于制备类珍珠母结构的骨移植体，也可以制备多种新的仿生工程材料。被 *Science* 的 Perspectives 评价为"一项突破性进展"。

⑦首次观察到铁电畴和发现铁磁与铁电有序共存现象，在国际上率先提出对称性破缺产生铁电性磁－电耦合材料新理论；开拓无金属 ABX_3 型钙钛矿铁电体分子研究领域，可实现分子铁电体的实际应用；设计合成出世界首例具有对映体的分子铁电体。

⑧发展单原子可极化轨道新型非线性光学理论，在国际上率先发现一批新型深紫外非线性光学晶体材料。提出"两种不对称结构基元的协同作用"理论，由此发现了系列中远红外非线性光学晶体材料。提出晶界微结构新理论，在晶态陶瓷激光材料上取得突破，使我国成为继美国之后第二个实现万瓦激光输出的国家。在国际上再次引领非线性光学晶体领域的研究，非线性光学理论研究取得"里程碑式"的进展。

⑨发现新型 KFe_2Se_2 系列铁硒基超导体，是国际公认由中国科学家发现的新超导体，开辟了国际超导研究的新领域，使我国铁基超导研究在国际上保持领先地位。

项目实施期间，一共发表研究论文 4016 篇，其中 *Science* 7 篇，*Nature* 3 篇，*Nature* 子刊 31 篇；申请发明专利 536 件，已授权 308 件，其中 PCT 专利 8 件；参加国内外特邀学术报告 273 次，其中国际特邀 163 次。获得国家自然科学奖二等奖 10 项，国家技术发明奖二等奖 2 项，发展中国家科学院化学奖 1 项，省部级自然科学奖一等奖 18 项，省部级自然科学奖二等奖 9 项，省部级技术进步奖一等奖 5 项，省部级技术进步奖二等奖 8 项。

在人才培养方面，通过本重大研究计划的实施，8 名项目专家或负责人当选中国科学院院士，23 人获得国家杰出青年科学基金资助，6 人获得优秀青年科学基金资助，造就了一支在国际上有很强竞争力和影响力的研究团队。

本重大研究计划完成后的领域发展态势对比可见表 1。

表 1 "功能导向晶态材料的结构设计和可控制备"实施情况对比分析

科学目标下的核心科学问题	计划启动时国内研究状况	计划结束时国内研究状况	计划结束时国际研究状况	与国际研究状况相比的优势和差距
如何实现磁功能分子晶态材料的结构设计与调控	国内有关磁性分子材料的研究仍处于起步状态,没有明确的理论或策略可以实现单分子磁体性能调控	建立了对称性调控创新思路,得到了国际首例金属有机单离子磁体,具有最高阻塞温度和有效能垒的单分子磁体	目前研究主流为合成高临界温度的分子磁体、高阻塞温度单分子磁体和4d/5d重过渡系单链磁体,探索分子磁性材料在自旋操控、信息存储和等方面的应用,建立相应的表征和评价手段,构筑具有实际应用前景的分子自旋电子器件	研究居于国际领先
如何实现高性能分子铁电体的设计合成,并调控其性能	对于分子铁电体的研究处于起跑阶段,研究基础薄弱	得到了首个无金属钙钛矿、最高极化强度的分子铁电体,分子材料最高压电性	目前研究主流为发展构建多极轴分子铁电体的普适策略,探索铁电性能的调制及其他功能性的优化,制备分子铁电薄膜并实现其器件应用	国际领先,多点发展,进入化学设计时代
如何发展新型的激光与非线性光学晶体,并探索其结构与功能之间的关系	激光与非线性光学晶体的基础研究领跑国际,实际应用发展不平衡	发展了单原子响应方法,探索了大口径钛宝石、激光自倍频晶体、深紫外非线性光学晶体新体系	目前研究主流为建立中远红外线性晶体声子与光子耦合的能带结构模型,获得高损伤、高效的中远红外新非线性光学晶体;通过通信波段光学超晶格微结构的精密调控,为有源光量子芯片器件的集成奠定材料基础;发展结构基元微观调控新方法,实现日盲区波段折射率调制及该波段激光高效性能输出	基础研究保持领先,实际应用多点突破

第 2 章　国内外研究情况

材料是人类物质文明的基础，也是国民经济、社会进步和国家安全的物质基础与先导。材料科学与信息科学、环境和能源科学、生命科学等学科的交叉和融合成为材料发展的重要趋势和驱动力。材料工程学和材料基因组思想的发展引起了材料科学技术的革命性变化，大量具有特殊功能的先进材料不断涌现。面向信息、能源和生命科学等应用的先进材料研发是国际竞争的热点，如面向信息产业的先进光电子材料、面向能源产业的能量转化和新型储能材料、面向生命医学的新型生物和医学材料等。先进前沿材料发展要集中力量，顶层设计，系统攻关，满足国家重大需求，抢占材料产业竞争制高点，同时重视学科交叉和颠覆性技术创新。在材料科学研究中，晶态材料是固态材料的主体，其主要特征是结构有序稳定、本征特性多样、物理内涵丰富、构效关系明确、易于复合调控，可以实现功能导向的结构设计、化学合成和材料制备，获得所需应用特性的材料和器件。

2.1　国内外研究现状和发展趋势

本重大研究计划始于 2009 年。人们已普遍认识到，材料的源头在化合物。化合物合成是化学学科的基本任务。要想加强材料研究的原创性，就必须从化学和新化合物的设计和合成入手。现代科学技术的发展，使人们已经可以从逆过程来从事化学合成工作，即可以通过分子工程学方法，按照特定性质需求，设计特定结构的化合物，从而获得所需性质的化合物。

将材料与物理学前沿交叉融合，用先进物理理论指导新概念先进功能材料的设计、制备和应用，产生一系列新材料和新器件，可满足我国未来5G/6G、量子通信和量子计算、物联网、人机交互、虚拟现实、自动驾驶等新兴产业对高性能功能材料的需求。新应用要求器件有高响应速度、低延迟、低功耗和高保真度等优良特性，功能材料本身也在向高性能、低成本、集成化、复合化、智能化和数字化方向发展。进入21世纪，得益于量子物理理论的发展和精准实验制备技术的进步，人们对材料的认识已经深入微观，可以清楚地观察和理解不同尺度和不同维度材料的关联及其导致的丰富衍生现象和合作现象，开拓了量子信息、量子计算、人工带隙材料、拓扑物理、凝聚态拓扑相和拓扑相变等新兴研究领域，制备出具有前所未有的特殊性质的材料，包括完全的人工材料。物理学前沿与材料的交叉融合，必将产生新的颠覆性的新材料和器件，使我国在该领域的研究进入国际第一方队，掌握未来不被"卡脖子"甚至反制的关键技术，培育引领领域科技发展的原始创新能力、核心竞争能力和战略威慑能力。

数据与人工智能是新一轮科技革命和产业变革的重要力量，是推动包括材料在内的各个领域研究范式变革的基石。加快发展新一代大数据与人工智能是事关新一轮科技革命和产业变革机遇的战略问题。利用人工智能技术可为材料科学基础研究领域赋能，突破在材料、数学、物理和化学等领域的科研瓶颈，提升材料领域的重大问题解决能力，推动材料科学研究范式的变革，乃至利用人工智能彻底颠覆材料科学研究。

2.1.1 光电功能晶体的研究现状和发展趋势

光电功能晶体是具有光电性能的功能晶体，是光电子技术不可或缺的重要物质基础，根据其功能性质划分为激光晶体、非线性光学晶体、压电晶体和闪烁晶体等。我国以无机非线性光学晶体为代表的新功能晶体探索、生长和应用居国际领先地位，发展了"阴离子基团理论"等有国际影响的理论模型及材料体，为加快光电功能晶体理论、新晶体探索及产业化发展创造了良好基础和条件。当前，光电功能晶体在向高质量、大尺寸、低维化、复合化、材料功能一体化和小型化等方向发展，以满足全固态激光器为代表的光电器件向扩展波段、高频率、短脉冲和复杂极端条件下使用的要求。例如，要求材料在恶劣和复杂的环境下长时期服役，要求获得一些在扩展（新）波段如中远红外和敏感波段有特殊功能性质的晶体材料，并注重功能晶体在高功率和复杂条件下的应用，这都对光电功能晶体提出了更高要求。同时发展新的光电功能晶体以满足国家经济、社会发展以及国防和国家安全的需求。

2.1.2 分子铁电体的研究现状和发展趋势

近年来，我国学者在分子铁电体领域取得了若干突破性进展。2013 年，熊仁根课题组发现二异丙胺溴盐的居里温度（T_c）达到 426K，饱和极化（P_s）高达 $23\mu C/cm^2$，此分子铁电体的 T_c 和 P_s 首次达到 $BaTiO_3$ 的水平[1]。此后，该课题组在 2017 年设计合成出压电系数 d_{33} 分别高达 185pC/N 和 220 pC/N 的分子铁电体 TMCM-MnCl$_3$ 和 TMCM-CdCl$_3$,[2]，d_{33} 不仅超过了以往所有的分子材料，还和 $BaTiO_3$ 相当。其后，该课题组于 2018 年构筑出首例无金属有机钙钛矿铁电体[3]，为钙钛矿这一重要的材料家族增添了新的成员。最近，该课题组首次发现具有准同型相界（MPB）的分子铁电固溶体[4]，使柔性的分子铁电体在压电性能方面媲美于硬的商业化无机铁电陶瓷，并发现了第一例有机对映体铁电体[5]。此外，熊仁根课题组建立了"似球－非球理论""引入单一手性""氢/氟取代"等设计分子铁电体的新方法[6]，避免了基于晶体数据库或盲目寻找的过程，实现了分子铁电体的化学设计。经过多年的努力，我国学者已经从跟跑、并跑发展到领跑及引领国际分子铁电研究。

2.1.3　分子磁体的研究现状和发展趋势

与宏观磁体不同，单分子磁体是一类尺寸和组成都为均一的纳米量子磁体。在磁阻塞温度以下，其磁矩方向可以保持较长时间而不发生翻转，而且单分子磁体还可以表现出独特而有趣的其他量子行为，因此在高密度信息储存、量子计算、自旋电子学器件方面有着巨大的潜在应用价值。自单分子磁体被发现至今，如何提高有效翻转能垒（U_{eff}）以及磁阻塞温度（T_{b}）长期以来都是高性能单分子磁体设计合成的核心目标。自1993年意大利加泰斯基（Gatteschi）课题组首次发现 {Mn$_{12}$} 具有单分子慢磁弛豫现象[7]以来，单分子磁体领域取得了若干突破性的进展。

在过渡金属单分子磁体方面，研究人员先后发现了Mn$_3$、Fe$_8$等过渡金属簇合物"明星"单分子磁体。研究人员在深入探讨单分子磁体形成机制中认识到，大的基态自旋值和单轴磁各向异性同时是形成单分子磁体的核心要素。随后他们发现，即便合成出四倍于Mn$_{12}$基态自旋值的Mn$_{19}$（基态自旋值 $S_{\text{T}} = 83/2$）[8]，仍不能有效提高有效翻转能垒。

在稀土单分子磁体方面，2003年，日本西川（Ishikawa）课题组发现双酞菁夹心稀土离子化合物在零直流场下即能表现出较慢的弛豫行为[9]，并通过磁稀释证实这种弛豫现象是单离子行为。这是第一例，也是目前被研究最多的含单个稀土离子的单分子磁体。此后，西班牙科罗纳多

（Coronado）课题组在 2008 年首先在一个钨多酸的体系中发现了单个 Er^{3+} 离子也表现出类似的慢磁弛豫特征，但没有磁滞行为 [10]。2011 年，中国高松课题组通过环辛四烯阴离子（COT^{2-}）以及茂基衍生物（1，2，3，4，5-pentamethylcyclopentadienyl，Cp^{*-}）与重稀土离子 Dy^{3+}，Ho^{3+} 和 Er^{3+} 构筑了首例稀土金属有机单离子磁体 COTLnCp* [11]，由此开辟了稀土金属有机单离子磁体领域。2013 年，童明良课题组提出对称性策略，发现了 T_b 达 20K 以及有效能垒超过 1000K 的稀土单分子磁体 [12-14]。其后，英国莱菲尔德（Layfield）课题组和米尔斯（Mills）课题组分别发现了 T_b 达 60K 的稀土单分子磁体 [15-16]。童明良课题组跟 Layfield 课题组合作，首次实现了 T_b 突破液氮温区 [17]。未来 10 年内，基于分子体系磁性量子材料及器件的研究是量子信息及量子计算研究中的一个新的拓展方向，势必成为国际上的热点领域 [18-19]。

2.1.4 超导材料的研究现状和发展趋势

超导材料作为一种同时具备零电阻和完全抗磁性的量子材料，具有深刻的物理内涵和广泛的应用前景。目前，传统超导体已在能源、医疗、探测、通信、量子计算、粒子加速等领域获得大量应用。但该类材料的转变温度、临界电流密度和临界磁场仍然较低，超导技术走向大规模商用仍强烈依赖于高温超导材料的研究进展。同时，非传统高温超导材料的机制研究对于理解复杂的量子现象、发展前沿技术和理论也具有重要意义。继铜基超导体之后，铁砷基及铁硒基高温超导材料的相继发现，为非传统高温超导体的基础研究以及应用研究，提供了全新的机遇。

近年来，高温超导材料领域取得了若干突破性的进展。在非传统超导体方面，继铜氧化物高温超导体后，日本细野（Hosono）课题组于 2008 年发现了铁砷基高温超导体 [20]。随后，我国赵忠贤课题组创造了铁砷基高温超导体材料 56K 的 T_c 记录 [21]。2010 年，我国陈小龙课题组发现了全新的铁硒基高温超导体 KFe_2Se_2 [22]，在此基础上，通过液氨插层方法，获得一系列新的超导体，最高 T_c 达 46K，超过麦克米兰极限 [23-24]；吸引了众多科学家的投入。其后，陈仙辉课题组发现了 T_c 达 40K 的 LiOHFeSe，薛其坤课题组发现了单层 FeSe 界面增强的高温超导电性（T_c 高达 65~100K）。对于非传统超导体，未来发展趋势是对铜氧化物和铁基材料进行更精细全面的测量。实验上可通过更直接的测量取得颠覆性的结果；理论上将使其完善，能全面解释关键的实验现象。

在实用化方面，我国马衍伟课题组已研制出高场临界电流达到实用化水平的铁基高温超导线材。铁基超导体的高临界场和易加工性以及实用化线材等技术的突破，预示着该类材料具有广阔的应用前景。

在传统超导体方面，高压下的 BCS 超导体研究也取得了重要突破。德国叶列海茨（Eremets）课题组在马琰铭、崔田课题组的理论计算的启发下，于 2015 年率先对 H_2S 施加 150GPa 高压，获得 T_c 为 203K 的超导体 [27]。最近，Eremets 课题组进一步观测到 LaH_{10} 在 170GPa 高压下，具有 T_c 高达 250K 的超导电性 [28]。目前，这类含氢化合物超导温度已经接近室温（-20℃），但仍需要借助极端高压条件，尚不具备实用价值。在高压氢化物的研究方面，中国科学家已预言了众多的含氢高压超导相，预期将有更多的体系会被发现。从微观机制和物性的角度对这些体系的研究非常具有挑战性。理论上，它们可能是在高声子频率下的 BCS 超导体，需要进一步的实验数据来确认。未来应该会进行更多此类体系的深入研究。

2.1.5　热电材料的研究现状和发展趋势

热电材料作为一种新型的清洁能源材料，能够直接实现热能和电能的相互转换，有望为提高能源利用率、缓解环境污染问题提供一种可行的选

择 [27]。然而，材料本征电子结构所决定的电、热输运参数的反比耦合关系使得热电材料优值系数（ZT 值）及热电器件的能量转换效率一直徘徊在较低的水平，无法实现广泛应用。近年来，国际上在中高温区（600~900K）热电材料方面已经取得很大进展。美国西北大学的课题组利用多尺度缺陷调控和能带调控等方法大幅提升了 p 型 PbTe 的热电性能，ZT 值可达 2.3~2.5，SnSe 热电材料的 ZT 值也超过 2.5 [28]。然而大多数的工业、生活废热温度在 300℃以下，面向低品位热能（低于 300℃），发电用的热电材料依然进展缓慢，器件在 300℃内发电效率低于 4%，因此迫切需要发展低温区高效热电材料及器件。通过纳米结构和能带调控等手段，美国和中国的科学家研发出在低温区 ZT 值可达 1.4~1.5 的 $Bi_{2-x}Sb_xTe$ 基块体以及薄膜热电材料 [29]。另外，新型低成本 MgAgSb 合金热电材料也已取得进展，ZT 值可达 1.2~1.4，但 ZT 值仍然偏低，不具备实用价值 [30]。

2.2 功能晶态材料各领域的发展态势评估

材料的功能来源于其光、电、磁、力及机械等性质或其组合（如光伏效应、电光效应、声光效应、磁电效应、热电效应等），并由单一功能向多功能复合方向发展。材料的光电磁性能主要取决于材料的电子、自旋和轨道行为，而材料的电子结构主要取决于构成材料的原子及其空间排列。本重大研究计划的任务是发现晶态材料的光、电、磁及其复合性能与空间结构以及电子结构之间的内在关系规律，揭示决定晶态材料宏观功能的结构基元及其在空间的集成方式，为实现功能导向晶态材料的设计和制备提供理论基础，旨在建立具有中国特色的材料研究新理论、制备新技术和材料新体系。

在本重大研究计划中，项目组深入研究了材料分子结构和空间结构以及材料的宏观特性，并结合相关先进理论研究材料电子、能带和磁结构等，寻求和确定对晶态材料功能性质起主导作用的结构基元等，探索其构效关系，建立与性能相适配的模型，设计和预测化合物特性，验证功能基元的作用，进一步修饰和优化，实现材料性能的设计和调控。项目组最后设计和制备了先进激光和非线性光学晶体、高性能分子铁电体和分子磁体材料，以及层状超导、热电和 MOF 等材料。尽管在本重大研究计划启动时，各类材料处于不同发展阶段，但通过近十年的研究，上述各类功能材料都成为国际领跑或具有重要影响的研究领域，为国际瞩目（表 2）。

表 2　本次重大研究计划的研究内容、项目进展和突出亮点

材料种类	项目启动时地位	项目结束时地位	突出亮点
激光和非线性光学晶体	基础研究国际领跑，应用发展不平衡	基础研究保持领先，实际应用多点突破	大口径钛宝石、人眼安全、激光自倍频和深紫外晶体新体系、单原子响应方法
MOF 材料	热点、跟跑	国际瞩目，亮点突出	低碳烯烃高效分离、CO_2 高吸附量材料国际领先
分子铁电体	起跑、跟踪	领先国际，多点发展，进入化学设计时代	首个无金属钙钛矿、最高极化强度的分子铁电体、分子材料最高压电性
磁功能分子材料	起步、迷茫	对称性调控创新思路，国际领先材料体系	国际首例金属有机单离子磁体、最高阻塞温度和有效能垒
层状超导体	热点、并跑	亮点突出，国际首创	层状铁硒基超导材料的发现，引领国际超导研究
热电材料	热点、并跑	国际瞩目，亮点突出	缺陷和维度综合调控，提高热电性质的新途径

2.2.1　激光和非线性光学晶体的发展态势

在激光和非线性光学晶体领域，研究人员发展了单原子可极化轨道新型非线性光学模型，这是我国自在国际上提出有深远影响的"阴离子基团"理论后的一个重要进展；并在国际上率先发现一批新型深紫外非线性光学晶体材料，在此领域基础研究继续保持领先。在 2008—2019 年非线性光学晶体材料领域全球论文发表中，中国论文数占全球论文数的比例逐年增大（2019年达到 45%），而美国的年发文量占比一直在 13% 左右；在 ESI 高被引论文数方面，中国 ESI 高被引论文数为 41 篇，居全球首位（图 1）。

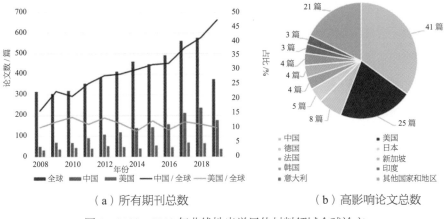

（a）所有期刊总数　　　　　（b）高影响论文总数

图1　2008—2019年非线性光学晶体材料领域全球论文

除了深紫外非线性光学晶体应用继续领先国际和大尺寸掺钛蓝宝石获得国际最高的10PW输出等领先成果外，我国在该领域还新发展了近红外1.55mm人眼安全激光Er:Yb:YAB晶体，可用于自动驾驶和航母着舰引导激光雷达和光通信放大器等，实现对国外禁运，继续扩大我国在该领域不再受制于人，并反制他人的领先优势；同时，我国还提出了"两种不对称结构基元的协同作用"，由此发现了国家重大应用急需的系列中远红外非线性光学晶体材料。在实际应用方面，我国在领先的激光自倍频晶体中，实用化的绿光模组已应用于测距、反恐等领域；并提出声子调控能级新机制，将激光波长扩展到青光和黄光波段，满足医学和雾中导航等重大需求。在晶界微结构新理论指导下，晶态陶瓷激光材料取得重大突破，使我国成为继美国之后第二个实现多片叠加万瓦激光输出的国家。

2.2.2　分子铁电体的发展态势

近年来，分子铁电体由于具有可引入手性、易剪裁、机械柔韧性好、生物相容性好、声阻抗与人体相匹配、环境友好、成本低和质轻等优点，有望成为无机铁电体的有益补充。通过化学设计及可控合成，可实现适用于各种可折叠、生物兼容或可穿戴的分子铁电材料器件。更重要的是，大部分的分子铁电体制膜工艺简单、条件温和，可大大降低相应器件的能耗和成本，这有利于铁电随机存取存储器（FeRAM）、柔性压电器件、可穿戴传感器等的大规模应用和推广。我国在分子铁电领域的发展方向见图2。

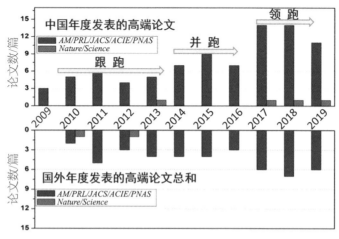

图 2　在分子铁电领域引领国际研究的发展方向

2.2.3　分子磁体的发展态势

自 2008 年本重大研究计划实施以来，磁功能分子晶态材料研究取得了长足进步，在分子纳米磁体（包括单分子磁体、单链磁体）、自旋转变材料、MOF 磁性材料、磁制冷材料等方面均取得了系列特色成果，并在国际同行中产生了重要影响。特别是在单分子磁体研究方面，我国报道了首例茂型稀土金属有机单离子磁体，引领了该领域的发展。同时提出了对称性策略，构筑出包括茂型金属有机结构、五角双锥局域配位结构等结构/功能基元的稀土单分子磁体，为高性能稀土单分子磁体的理性设计和可控合成提供了新的思路和视角。利用位阻较大的三叔丁基环戊二烯（Cp^{ttt}）构筑出首例无赤道面配位的二茂镝化合物[Cp^{ttt}_2Dy]$^+$，其能垒（1277cm^{-1}）和阻塞温度（60K）均创造了新的世界纪录。随后又设计合成出混合二茂夹心形镝单分子磁体，其T_b首次突破77K液氮温度。

2.2.4 金属有机框架材料的发展态势

目前我国的MOF研究成果在总体上已达到国际并跑水平，在该领域发表论文总数和高影响论文总数分别占据国际首位和第二位（图3）。其中部分重要课题成果，如轻烯烃（特别乙烯、1,3-丁二烯）的分离提纯、CO_2的捕获、小分子催化转化等方面，甚至已达到国际领跑水平。因此，本重大研究计划的实施，极大促进了我国MOF研究的发展。目前，国内外在MOF领域的研究，呈现相似的发展现状和发展趋势。一方面，包括美国、日本、欧洲和中国在内的国家和地区优秀研究专家，均更加关注MOF吸附分离和催化等功能的进一步提升，即高性能化；另一方面，随着不少高性能MOF材料的出现，如何实现这些高性能MOF的实际应用，即实用化，已经开始得到很多研究者的重视。与此同时，过去十年MOF领域的研究者已经从早期的配位化学学者发展到化学的各个分支领域学者，而且目前正在向化工科学、材料科学乃至生命科学多领域学者迅速扩展。因此，不同学科学者合作的交叉学科研究已经逐步呈现，研究成果也更加多样化，并向实际应用迈进。

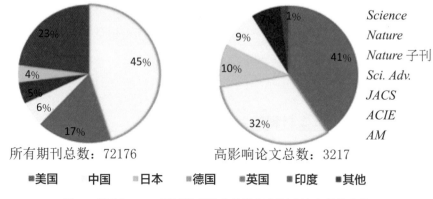

所有期刊总数：72176　　　　高影响论文总数：3217

■美国　　中国　■日本　　■德国　　■英国　■印度　■其他

图 3　我国在 MOF 领域发表论文总数和高影响论文总数占比

2.2.5　超导材料的发展态势

本重大研究计划在新型超导功能导向的材料结构设计和可控制备方面取得了两项标志性成果。首先是发现 KFe_2Se_2 系列新铁硒基超导体，开辟了国际超导研究的新领域。国际上 41 个国家的 350 多个实验室紧跟着开展了铁硒基高温超导体的后续研究，使其成为 2012—2014 年物理学领域最活跃的前沿研究之一。其次是发展了固态离子栅压技术，其可克服铁硒等晶态材料的掺杂极限，大幅调控超导材料的载流子浓度，为探索新的超导材料提供了新思路。

2000 年以后，世界上多个国家对高温超导（主要是铜氧化物）的研究投入大幅减少，但我国在该方向的持续支持，使得国内超导领域的人才和软硬件都得到了长足发展。研究铜氧化物高温超导时，我国仅有少数研究组做出了一些亮点工作。而在研究铁基超导时，我国实力厚积薄发，在材料、物性和机制研究中全面显现出来。*Science* 因此发表题为"铁基超导把中国科学家推到前沿"的社论。如 KFe_2Se_2，LiOHFeSe 等高温超导材料，FeSe/$SrTiO_3$ 界面高温超导电性等研究工作，完全是由中国科学家引领的重要研究方向。其中，根据汤森路透等机构发布的领域研究数据，KFe_2Se_2 所代表的 "碱金属插层 FeSe 超导体" 在 2013 年被评为当年整个物理学研究领域最受关注的研究方向，并在 2013—2014 年，连续两年位列物理学领域的十大研究热点。该系列工作的出现，大幅改变了非传统超导的研究方向，将 FeSe 基超导体的研究推向了全新的高度。

2.2.6　热电材料的发展态势

本重大研究计划在新型热电功能导向的材料结构设计和可控制备方面取得了两项标志性成果。在理论方面提出一整套缺陷多自由度电 – 声耦合协同调控策略，可以大幅提高材料的热电性质，将为热电材料研究注入新的活力；发展了阳离子切割技术，调控材料的晶体结构，也可以大幅提高材料的热电性质，为探索新的热电材料提供了新思路。在本重大研究计划的支持下，我国在热电材料研究领域的研究取得了大量进展。其中，现有的基于缺陷工程思想的优化热电的策略，在关注电子电荷自由度和声子自由度的同时，忽略了对其他缺陷引发的调控自由度的研究。而本重大研究计划的实施重点关注了除现有的电子电荷和声子自由度之外的一些新型缺陷调控自由度，包括缺陷相关的自旋自由度，基于缺陷的原子和电荷转移效应和缺陷相关的表界面效应，唤起了热电领域研究者们对它们的关注，并将其与现有的主流优化策略相结合，以一种 "多自由度协同调控" 的研究思想重新审视热电材料的优化研究。这一新的研究思想不仅丰富了缺陷工程策略的物理内涵，也必将为热电材料研究注入新的活力。

第3章　重大研究成果

本重大研究计划自启动以来，坚持充分发挥化学、材料和物理等多学科交叉合作的优势，以晶态材料的光、电、磁及其复合等功能为导向，对决定晶态材料性能的最基本组成和结构基础——功能基元进行深入的研究，揭示了决定晶态材料宏观性质的功能基元及其在空间的集成方式，为实现功能导向晶态材料的结构设计和可控制备提供理论基础。本重大研究计划在多个国际研究前沿方向上取得了突破，继续保持我国在晶态材料领域的领先地位，极大地促进了化学、材料、数理以及信息等学科的衔接和交叉，并在以下五个方面取得了创新性研究成果。

①提出了采用晶体场调控单分子磁性功能基元电荷密度的新策略，从功能基元出发设计合成了一系列单分子磁体，开辟了单离子磁体新领域，极大提高了能垒（>2200K），并使磁阻塞温度首次突破液氮温区，使我国磁功能分子晶态材料处于国际领先地位。

②极大地提升了分子铁电体的铁电性能，首次使其比肩无机陶瓷铁电材料。在分子铁电体中实现了极优异的压电性能，并超过了商用多元无机陶瓷。开拓了无金属钙钛矿铁电材料的研究新领域，赋予了分子铁电体单一手性和光学活性等应用前景，实现了我国分子铁电研究由跟跑到领跑国际研究前沿。

③提出非线性光学原子响应理论，从而对非线性光学性能起源的认识分辨率提高至原子级别；在国际上率先发现一批新型深紫外非线性光学晶体材料，突破红外非线性光学晶体材料高非线性光学效应和高激光损伤阈值难兼得的瓶颈，实现 6~11 μm 长波红外激光输出，使我国成为继美国之后第二个利用晶态陶瓷激光材料实现万瓦激光输出的国家。上述创新性研究成果使我国的激光与非线性晶体材料继续领跑国际研究前沿。

④发现新型 KFe_2Se_2 系列铁硒基超导体体系，打破电子、空穴费米面嵌套的超导机制，开辟国际超导研究的新领域。这是国际公认由中国科学家发现的新超导体，30 余个国家的 300 多个实验室跟踪研究，保持了我国铁基超导研究在国际上的领先地位。

⑤基于分子设计与晶体工程原理，发现一系列新奇行为的晶态材料，如金属有机框架材料以及二维晶态材料等。提出限域空间超分子作用强化分子识别的学术思想，实现优先吸附烷烃、反转吸附选择性，从而提高丁二烯的纯化效率；首次发现羟基自由基对分子筛成晶的影响，实现分子筛生成机制的重要突破；利用超薄二维晶态材料独特的电子结构极大降低 CO_2 的活化能垒，高效电催化还原 CO_2 制液体燃料；利用"相界面应变"的新方法，以两相共晶调控晶格应变，进而产生巨极化晶态铁电薄膜材料，把经典 $PbTiO_3$ 铁电体极化提高了 3.8 倍，把之前国际报道的铁电体最高值提升了 80%；首次利用仿生矿化制备与天然珍珠层高度类似的人工珍珠母晶态材料，该方法可用于制备类珍珠母结构的骨移植体，也可以制备多种新的仿生工程材料。

3.1　磁功能分子晶态材料的结构设计与调控

3.1.1　单分子磁体的自旋基态与单轴磁各向异性调控

　　自单分子磁体（SMM）1993 年被发现至今，其有效能垒（U_{eff}）和磁阻塞温度（T_b）的提升是高性能单分子磁体研究的主要核心目标。通过结构组装来调控金属离子间的磁交换作用是获得具有高自旋基态单分子磁体的有效途径，而单分子磁体的单轴磁各向异性则主要通过理性控制轴向晶体场强度和横向场对称性等结构因素来调控，从而实现单分子磁体有效能垒和阻塞温度的突破。

　　大连理工大学刘涛课题组与日本九州大学斯塔托（Sato）课题组合作，设计合成了一例高对称性铁磁耦合的 {Fe$_{42}$} 高核簇。磁性测试和理论计算证明该配合物具有 $S = 45$ 的自旋基态，为当时报道的最高纪录（图 4）。

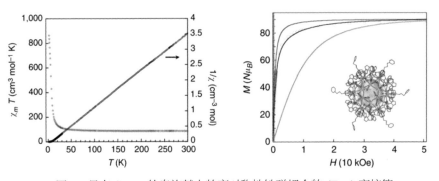

图 4　具有 $S = 45$ 的自旋基态的高对称性铁磁耦合的 {Fe$_{42}$} 高核簇

　　北京大学高松课题组合成并研究了基于 β- 双酮的稀土单离子磁体。该成果发表后，引起广泛关注并带动了相关研究，单离子磁体研究很快就成了分子磁性研究的热点。另外，他们通过设计合成并使用有效哈密顿方法、配位场方法和量子化学从头算方法研究了一类具有 D_3 对称性的 Co^{2+} 胺酚配合物，该配合物分子中的 Co^{2+} 离子轨道角动量得以部分保持，其零外场下的慢磁弛豫能垒（109K）是当时报道的最高值。结合理论计算，高松课题组系统研究了稀土单离子磁体磁各向异性和性能的关系，发现稀土金属 Dy^{3+} 离子的各向异性不仅受几何结构对称性的影响，电荷分布对称性和配位键强度也起到了非常重要的作用。课题组进一步设计制备出高性能双核稀土镝单分子磁体，其慢磁弛豫能垒为 721K，是当时能垒最高的双核镝配合物。在以上发现的引导下，课题组设计合成了具有近似线性配位结构的稀土 – 酚氧化合物，该系列化合物的 Dy^{3+}、Er^{3+} 体系均具有优良的单分子磁体性质，其中 Dy^{3+} 单分子磁体的弛豫能垒高达 961K（图 5）。

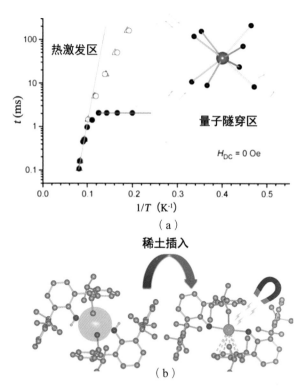

图 5 （a）基于 β - 双酮的稀土单离子磁体；（b）近似线性配位结构的稀土 – 酚氧化合物

中国科学院长春应用化学研究所唐金魁课题组阐明了稀土单离子各向异性和金属离子间磁相互作用对慢磁弛豫的贡献，提出了通过优化配位场以及提高自旋间磁相互作用来抑制量子隧穿效应，提高单分子磁体能垒的有效策略。

　　中山大学童明良课题组率先从晶体场理论预测出发，创造性提出将稀土离子置于 C_∞、D_{4d}、D_{5h}、D_{6d} 等对称性配位环境，能有效消除横向磁各向异性、抑制磁量子隧穿效应的理论预测，为合理设计具有高磁阻塞温度及有效能垒的稀土单离子磁体奠定了重要的基础（图6）。课题组率先定向合成出首例具有 D_{5h} 局域对称性的高性能稀土单离子磁体 $\{Zn_2Dy\}$，开辟了五角双锥形稀土单离子磁体的新体系。课题组进一步通过加强 D_{5h} 对称性单离子磁体的轴向配体场，设计合成了一例热稳定性很高的 Dy^{3+} 单离子磁体，创造了单分子磁体有效能垒超过 1000K 的纪录。同时，它的热稳定性超过了 300℃，为单分子磁体的器件化打下了坚实的基础。课题组进一步通过优化五角平面的横向配位场，继续逼近理想的 D_{5h} 局部对称性，成功获得了基于轴向氧化膦强配位的 Dy^{3+} 单离子磁体，创造了阻塞温度达 20K 的纪录。该系列配位对称性导向的稀土单分子磁体研究极大地推动了高性能单分子磁体的快速发展。

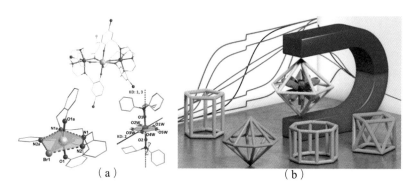

图6　（a）系列五角双锥高性能稀土单分子磁体；（b）配位对称性导向策略

　　南开大学程鹏课题组和师唯课题组通过溶剂热方法合成了首例同时兼具高温介电异样和低温慢磁弛豫行为的具有环形磁矩的等腰三角形单分子磁体。课题组通过第一性原理的计算说明该 Dy_3 单分子磁体的三个镝离子的基态自旋为环形排布。低温的磁特性表征说明其交流磁化率呈现多步慢磁弛豫行为及典型的单晶磁滞回线。同时，由于该单分子磁体结晶在极性点群，故也是一例潜在的铁电单分子磁体。随后，课题组通过溶液合成法制备了首例具有磁－介电耦合效应的六配位镝单分子磁体，通过金属离子、配体和溶剂的协同作用制备了具有毫米尺寸的高质量单晶。磁特性研究表明，其在 40K 下具有慢磁弛豫行为。a/b 两个平面的磁滞回线显示 b 方向的磁各向异性强于 a 方向，同时在 a/b 两个平面方向施加 ±10T 磁场，测试结果显示，其介电常数随磁场增加而上升，表现出显著的磁介电效应，且 b 方向强于 a 方向，与单晶的磁滞回线一致。理论分析表明，磁介电耦合效应来源于高自旋态的 Dy^{3+} 离子较强的自旋－晶格耦合，进而产生分子电容的变化（图 7）。这揭示了在非长程磁有序的单分子磁体中也可实现本征的磁电耦合效应，并最终实现电场对单分子磁体磁特性的调控，开辟了单分子磁体和磁电耦合材料研究的新方向。

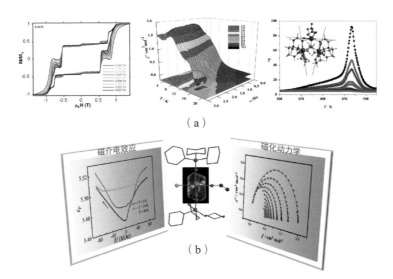

图 7　（a）三核镝单分子磁体 Dy_3 的环形磁矩，慢磁弛豫行为和高温介电异样；

（b）六配位镝单分子磁体的晶体结构及其单分子磁体行为和磁介电耦合效应

3.1.2　金属有机单离子磁体

相较于经典配位化合物，金属有机单离子磁体具有灵活的配位数、丰富的成键方式以及罕见的电子结构，为单分子磁体提供了广阔的研究空间。2011 年，高松课题组在国际上首次报道了金属有机单离子磁体环戊二烯环辛四烯基铒，其慢磁弛豫能垒为 323K。该工作将稀土金属有机化学引到高性能单分子磁体的研究中，吸引了更多无机、有机、配位化学家投身到单分子磁体研究领域中。

童明良课题组与英国 Layfield 课题组合作，设计合成并表征了准线性配位的茂镝单分子磁体，同时刷新了单分子磁体有效能垒（＞2200K）和阻塞温度（80K）的世界纪录，其中阻塞温度更是首次突破了液氮温度（77K），为单分子磁体的实用化奠定了基础。

与稀土金属离子不同，过渡金属离子的磁性主要源于 d 电子，其轨道角动量易被配体场淬灭，电子结构和磁能级受配体场影响大，过渡金属离子的磁各向异性通常较弱。一般来说，过渡金属单分子磁体慢磁弛豫能垒较小（多小于 100K）。因此，轨道角动量不易被淬灭的 Co^{2+} 离子是构筑过渡金属单分子磁体的有效磁性来源。在对过渡金属配位场对称性与磁各向异性关系理解的基础上，高松课题组研究了一例具有准线性配位模式和超强磁耦合作用的 Co=N 单分子磁体，该化合物具有当时最高的过渡金属单分子磁体的弛豫能垒 578K。有趣的是，钴的轨道角动量被完全保留，其磁行为类似于稀土离子，为化学手段调控过渡金属离子磁性质开辟了新途径和新思路。课题组应邀撰写"单离子磁体中磁各向异性的影响因素及调控规律"的综述论文。

Cr^{2+}、Mn^{3+}、Fe^{2+} 分别具有 d^4、d^4、d^6 的电子构型，在适当的配体场下因零场分裂和旋轨耦合可以产生较强的磁各向异性，因而是极具潜力的单分子磁体候选材料。其中 Cr^{2+} 极为活泼，相应的单分子磁体迄今仅有少数几例报道。半三明治型金属羰基配合物［如 ArCr（CO）$_3$和 CpCo（CO）$_2$］是金属有机化学领域被广泛研究的简单分子模型。这类配合物失去 1 个电子会生成具有高活性的 17 电子金属有机自由基，在化学反应和催化转移方面有重要应用，但是利用半三明治型金属羰基化合物制备磁性分子材料却鲜有报道。南京大学王新平和宋友课题组设计合成了弱配位阴离子稳定的半三明治型金属羰基双核配合物 Cr（CO）$_3$（η^6, η^5-C$_6$H$_5$C$_5$H$_4$）Co（CO）$_2$和［Cr（CO）$_3$］$_2$（η^6, η^6-C$_6$H$_5$C$_6$H$_5$）。在对 Cr（CO）$_3$（η^6, η^5-C$_6$H$_5$C$_5$H$_4$）Co（CO）$_2$氧化研究中发现，单倍氧化可生成首例异核金属 – 金属半键自由基并具有近红外吸收（1031nm），在光电通信中有潜在应用；而对［Cr（CO）$_3$］$_2$（η^6, η^6-C$_6$H$_5$C$_6$H$_5$）进行单倍氧化或双倍氧化，均得到同一分解产物，并在戊烷中发生单晶到单晶转化，变成具有单分子磁体性质的 Cr^{2+}配合物，是迄今极少几例以铬金属为中心的单分子磁体。

3.1.3　基于高性能单离子磁体基元的组装

以具有很大磁各向异性的单离子磁体为构筑单元，无机或有机配体为桥连配体，有利于实现高性能单分子磁体的可控组装。南京大学王新益课题组通过［Mo（CN）$_7$］$^{4-}$和 Mn^{2+}离子之间的各向异性磁交换来构筑高 T_b 的单分子磁体，成功获得了一例具有 {Mn$_2$Mo} 三核结构的单分子磁体。它具有当时氰基桥连的单分子磁体中最高的能垒，且在低温下可以观察到非常大的磁滞回线及量子隧穿台阶。该课题组还合成了另一例同样基于该策略的具有更高能垒的 {Mn$_2$Mo} 三核单分子磁体，而且，它可以通过得失水动态打开与形成配位键，单晶到单晶地转变成六核 {Mn$_4$Mo$_2$} 化合物，实现在单晶状态下体系自旋基态的动态转变、单分子磁体的开关调控，以及各向异性磁交换作用的转换。另外，课题组还在一个单核钴配合物中，通过动态可逆的得失水过程，动态调节配合物的颜色转变，还引起了自旋交叉和单分子磁体行为的可逆转变。这是第一个通过单晶到单晶转变实现自旋交叉和单分子磁体行为的可逆转变的配合物。

MOF 是由金属离子节点和有机连接体通过配位键连接形成的三维有序结构。MOF 特点是具有结构多样性及丰富的化学和物理性质。程鹏课题组和师唯课题组通过单晶到单晶转换的方式实现了稀土 MOF 体系 $[Dy_2(INO)_4(NO_3)_2]\cdot 2DMF$ 和 $[Dy_2(INO)_4(NO_3)_2]\cdot 2CH_3CN$ 之间客体分子的可逆交换，该交换使得作为节点的 Dy_2 单分子磁体的慢磁弛豫能垒由几乎为零提高到超过 100K。通过从头计算获知，这种有效能垒的变化不是来自 Dy_2 节点的内禀能级间差别而是由于它们的量子隧穿速率相差了两个数量级。他们还合成了结晶在极性空间群的三核镝单分子磁体。该化合物在室温下具有电滞回线，在低温下具有磁滞回线，是一例同时具有电磁四稳态的磁性分子聚集体。

唐金魁课题组成功制备了由两个 {Dy$_3$} 单元"边靠边"构成的 {Dy$_6$} 单分子磁体并通过环形磁矩单元连接方式和分子内磁相互作用的调节，实现了两个环形磁矩功能基元的组装与同向增强，获得了最大化的环形磁矩。此外，他们还从结构及配体设计的角度阐述了稀土单分子磁体设计的整体思路。

童明良课题组在高性能稀土单离子磁体 {Zn$_2$Dy} 的基础上，进一步将抗磁离子 Zn^{2+} 替换为顺磁 Fe^{2+} 离子，创造了 3d-4f 异金属单分子磁体有效能垒的新纪录，而铁的存在使得可以在穆斯堡尔谱上观察到磁阻塞的现象。

西安交通大学郑彦臻课题组首次得到了慢磁弛豫与高质子导电性共存的稀土基"纳米管" {Dy$_{72}$}。该管状分子外壁由 72 个稀土金属中心通过羟基离子连接组成，为一个内径约 0.7nm、长 2.8nm 的中空圆管。由金属羟基化合物所组成的管壁内外表面均具有很强的亲水性，其孔内客体水分子间通过氢键网络在高温高湿下形成超离子导体（质子导电率为 1.2×10^{-2}S/cm）。同时，该分子具有慢磁弛豫行为，是目前核数最大的稀土单分子磁体。

刘涛课题组利用［Tp*Fe（CN）₃］⁻构筑单元桥联 Fe^{2+} 自旋转变功能基元，通过光诱导 Fe^{2+} 自旋转变形成高自旋一维链，成功实现了光诱导单链磁体的构筑。他们在 {Fe₂Co} 三核簇中实现光可逆诱导电荷转移的基础上，将电荷转移基元 {Fe₂Co} 自组装形成一维磁性链，通过调控八面体配位场匹配金属离子的氧化还原电势，并利用不同波长激光可逆诱导 Fe、Co 之间的电荷转移，实现了对单链磁体慢磁弛豫行为的开与关，为分子层次上信息的写入和擦除提供了新的策略。基于对光诱导自旋转变驱动多功能协同的研究，他们撰写相关综述性论文，阐释了利用光调控分子材料电子结构以及多功能耦合方面的思考与进展。

3.1.4 核自旋策略抑制磁量子隧穿效应研究

磁量子隧穿效应是单分子磁体中一个非常重要的行为，核自旋能够通过超精细相互作用影响单分子磁体的性质。但超精细相互作用非常微弱，一般情况下难以观察到核自旋作用于单分子磁体磁弛豫过程以及磁量子隧穿效应的现象。童明良课题组提出通过核自旋抑制单离子磁体的零场磁量子隧穿效应的新策略，首次在具有五角双锥配位几何的 ¹⁶⁵Ho³⁺ 单离子磁体中观察到超精细相互作用能有效抑制零磁场下的磁量子隧穿效应，该发现开启了提升单分子磁体性能的核自旋抑制磁量子隧穿效应的新策略。

3.2 高性能分子铁电体的设计合成与性能研究

铁电晶体是一类通过电极化方式对电场、应力、压力、温度、光等外界作用进行响应的功能晶态材料，具有突出的电、力、光、声、热、磁等方面的性质。其中，分子铁电体具有柔性、轻量、易加工、低成本、环保等优点，有望成为商业化无机铁电体的有益补充。我国学者紧密围绕重大研究计划的总体目标，通过分子修饰、引入手性，建立了"似球－非球理论""引入单一手性""氢／氟取代"等设计分子铁电体的新方法，使分子铁电功能晶态材料的开发从开始的无目的寻找发展到可控制备。

在本重大研究计划的资助下，我国学者在分子铁电体领域取得了若干突破性的进展。2013 年，熊仁根课题组发现二异丙胺溴盐的居里温度（T_c）达到 426K，饱和极化（P_s）高达 23μC/cm^2，分子铁电体的 T_c 和 P_s 首次达到 BaTiO$_3$ 的水平。此后，该课题组在 2017 年设计合成出压电系数 d_{33} 分别高达 185pC/N 和 220pC/N 的分子铁电 TMCM-MnCl$_3$ 和 TMCM-CdCl$_3$，d_{33} 不仅超过了以往所有的分子材料，还和 BaTiO$_3$ 相当。其后，课题组于 2018 年构筑出首例无金属有机钙钛矿铁电体，为钙钛矿这一重要的材料家族增添了新的成员。最近，课题组首次发现具有准同型相界（MPB）的分子铁电固溶体，使柔性的分子铁电体在压电性能方面媲美于硬的商业化无机铁电陶瓷，并发现了第一例有机对映体铁电体。这些创新性研究成果标志着我国学者已经从跟跑、并跑发展到领跑及引领国际分子铁电研究。

3.2.1　高居里温度、大饱和极化分子铁电体

分子基铁电体具有柔性、轻量、低成本、易溶液加工、生物兼容性好等特点，能够克服目前得到广泛应用的无机氧化物铁电体中存在的硬度大、重金属密度大、加工难、生产耗能高等问题。然而，分子铁电体的 T_c 大多在室温以下，P_s 也比较小，不利于实际应用。如何提升分子铁电体的铁电性能是分子铁电体研究的重点和难点。

熊仁根课题组发现二异丙胺溴盐（DIPAB）的 T_c 达到 426K，P_s 高达 23μC/cm^2。这是自 1920 年第一个铁电体罗息盐发现以来，分子铁电体的 T_c 和 P_s 首次可以与无机氧化物铁电体钛酸钡相媲美，是分子铁电体研究的一个重要突破。*Chemical & Engineering News* 评价："该工作发现的新型

有机铁电体 DIPAB，不但饱和极化与钛酸钡相媲美，且易从水溶液中结晶，使其易于获得并使用。"*Science* 的特邀评论提到："DIPAB 的饱和极化与钛酸钡相近，介电常数高于铁电聚合物，而其矫顽场为聚合物的百分之一、钛酸钡的一半，可很好地节约能源。DIPAB 的性能大大胜过其他有机材料，已接近或者说达到了氧化物铁电体的水平。铁电相稳定性与其优良性能的结合表明，具有易加工性和持续环保性等优点的 DIPAB 可能会在某些应用方面取代氧化物铁电材料。此外，这一有机化合物具有突出的铁电行为、显著的压电现象和电致伸缩效应。近年来，这三种性质已经在对生物学或生理学材料成分的局部观察中得到了证实。因而，铁电耦合很可能是一些生物学过程的重要部分。在这种情况下，多功能的 DIPAB 也许将成为沟通氧化物和复合软材料耦合的桥梁。"

该课题组又设计合成出一大类高 T_c 无金属有机钙钛矿铁电体 [A（NH$_4$）X$_3$，A 为二价有机阳离子，X 为卤素离子]，其中，MDABCO-NH$_4$I$_3$ 具有 448K 的高 T_c 和 22 μC/cm^2 的大 P_s（图 8），与钛酸钡性能相当。

钙钛矿材料是功能性材料的一个重要家族，主要包括无机钙钛矿和有机–无机杂化型钙钛矿两种，由于其优异的铁电、压电、光电及催化等性质，一直以来都是物理、化学、材料等研究领域中的焦点之一。无金属有机钙钛矿铁电体之前未有过报道，该工作为功能性钙钛矿材料家族再添一类新成员。由于其中无需引入金属元素，无金属钙钛矿可以有效避免金属毒性、高制备成本等问题，满足实用材料对节能、经济、环保的要求。鉴于该研究工作的重要性和引领性，成果入选了 2018 年度中国高校十大科技进展。*Science* 同期发表评论文章 "Perovskite Ferroelectrics Go Metal Free（钙钛矿铁电体走向无金属）"，指出无金属钙钛矿材料终于能够媲美无机钙钛矿。*Nature Reviews Materials* 期刊主编斯托达特（Stoddart）将该工作作为研究亮点，以 "Purely organic perovskites（纯有机钙钛矿）" 为题进行了专题报道，强调无金属有机钙钛矿铁电体媲美 BaTiO$_3$，除了有机体系的应用，还对其在手性催化、光学开关等方面的应用给予了期望。

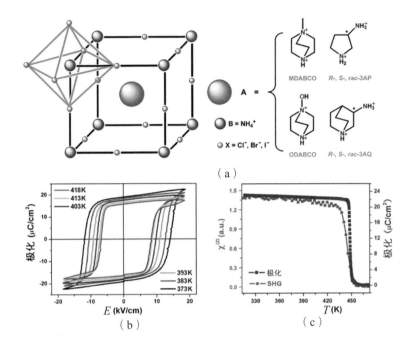

图 8 （a）三维无金属钙钛矿铁电体的结构；（b）MDABCO-NH$_4$I$_3$的电滞回线；
（c）MDABCO-NH$_4$I$_3$的极化强度以及二阶非线性光学响应强度随温度的变化关系

3.2.2　大压电系数分子铁电体

铁电体具有压电性，能够直接实现机械能与电能的相互转换，是铁电体最重要、应用最广泛的性质之一。虽然分子铁电体在居里温度、饱和极化强度等性能参数上已日益接近甚至超过无机铁电体，但压电性能始终是其短板（压电系数 d_{33} < 50pC/N）。自 1880 年压电效应发现以来，从未出现过 d_{33} 可以比肩 BaTiO$_3$（190pC/N）或 PZT（200~750pC/N）的分子压电体。

熊仁根课题组设计合成了具有大 d_{33} 的分子铁电体[（CH$_3$）$_3$NCH$_2$Cl] MnCl$_3$（TMCM-MnCl$_3$）和 [（CH$_3$）$_3$NCH$_2$Cl] CdCl$_3$（TMCM-CdCl$_3$），d_{33} 分别高达 185pC/N 和 220pC/N。d_{33} 不仅超过了以往所有的分子材料，还和无机铁

电体 $BaTiO_3$ 相当。这一成果解决了分子材料压电性不足的世纪难题，为分子压电材料研究带来了新的思路和方向。

虽然单组分的 TMCM-$CdCl_3$（220pC/N）d_{33} 已经超过了单组分的 $BaTiO_3$（190pC/N），但远小于占应用主流的多组分铁电陶瓷固溶体，如二元固溶体 PZT（200~750pC/N）和多元固溶体 Pb（$Mg_{1/3}Nb_{2/3}$）O_3–0.3$PbTiO_3$（1500 pC/N）。如何进一步提高分子铁电体的 d_{33} 是一个巨大的难题。1954年，贾菲（Jaffe）等首次发现 PZT 中存在准同型相界（MPB），各种物理性质特别是压电性质在 MPB 处会最大。然而，60 余年来还未发现存在 MPB 的分子固溶体。熊仁根课题组根据 [（CH_3）$_3NCH_2F$]$^+$（TMFM）与 TMCM 具有类似的结构参数，首次发现基于 TMFM 的分子钙钛矿 [（CH_3）$_3NCH_2F$] $CdCl_3$（TMFM-$CdCl_3$）可 以 和 TMCM-$CdCl_3$ 构筑分子钙钛矿固溶体（TMFM）$_x$（TMCM）$_{1-x}CdCl_3$（$0 \leqslant x \leqslant 1$）（图9）。随着 TMFM 含量的增加，室温相从铁电单斜相 m 点群（$0 \leqslant x < 0.25$）变为铁电六方相 $6mm$ 点群（$0.3 < x \leqslant 0.5$），然后变成非铁电相六方 $6/m$ 点群（$0.55 \leqslant x \leqslant 1$），高温相均为六方相 $6/mm$ 点群。课题组在 $0.25 \leqslant x \leqslant 0.3$ 的组成范围内清楚地观察到了准同型相界，其中铁电单斜相 m 和六方相 $6mm$ 共存，不同于 PZT 中的铁电三方相和四方相共存的 MPB，这是在分子固溶体中首次观察到 MPB。在 MPB 处，压电性显著增强，d_{33} 可以达到单一组分 TMCM-$CdCl_3$（220pC/N）的 7 倍。这一发现可以称为是压电领域颠覆性的技术，使柔性的分子铁电材料在压电性能方面能够和硬的商业化无机铁电陶瓷相媲美，为分子压电材料的科学应用打开了广阔空间，极大地推动了分子铁电体的发展。

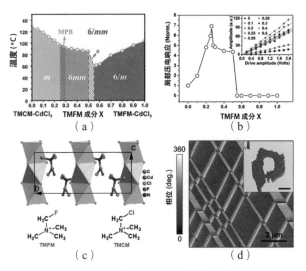

图 9 （a）（TMFM）$_x$（TMCM）$_{1-x}$CdCl$_3$（0 ≤ x ≤ 1）的相；（b）（TMFM）$_x$（TMCM）$_{1-x}$CdCl$_3$（0 ≤ x ≤ 1）不同组分下的相对压电响应；（c）（TMFM）$_x$（TMCM）$_{1-x}$CdCl$_3$（0 ≤ x < 0.25）的结构以及 TMFM 与 TMCM 的结构示意；（d）（TMFM）$_x$（TMCM）$_{1-x}$CdCl$_3$（x = 0.25）的铁电畴和畴的极化翻转

3.2.3　单一手性分子铁电体

　　1920 年发现的第一例铁电体罗息盐是单一手性分子化合物。作为第一个手性铁电体，罗息盐的诞生预示着将手性与铁电性结合起来以探索更加广泛的应用具有诱人的前景。与铁磁、超导、负热膨胀等物性相比，铁电性和手性之间存在着更加紧密的内在对称性联系，它们都和空间对称性破缺有关。在允许铁电性产生的 10 个极性点群中，5 个是具有手性的，即点群 1（C_1）、2（C_2）、4（C_4）、3（C_3）和 6（C_6）。然而，由于被广泛研究的无机铁电陶瓷材料不存在手性中心，手性铁电体研究长期被忽视。

　　熊仁根课题组发现少见的单一手性多轴分子铁电体（R)-3 羟基奎宁环卤化物，由光轴变化引起的旋光性开关效应具有潜在的光电应用。

近百年来，手性铁电体基本上是多组分的有机铵盐或者金属配合物。熊仁根课题组首次报道了一对单分子有机对映体铁电体，具体为（R）-3-奎宁环醇和（S）-3-奎宁环醇以及外消旋体（Rac）-3-奎宁环醇。手性（R）-3-奎宁环醇和（S）-3-奎宁环醇室温下结晶于对映异构极性点群 C_6，振动圆二色光谱和晶体结构展示出完美的镜像关系（图10）。两种对映体均表现出 622F6 型铁电相变，居里温度高达 400K，媲美于经典的无机铁电体钛酸钡（393K）。此外，饱和极化强度（高达 $7\mu C/cm^2$）与有机聚合物铁电体 PVDF 相当，低矫顽场（15kV/cm）可保证铁电极化易于反转，在存储器件和光电器件中具有巨大的应用前景。然而，它们的外消旋体（Rac）-3-奎宁环醇却不具有铁电性。该工作揭示了单一手性在精准设计高居里点铁电体中的巨大优势，为进一步探索高性能手性有机铁电体提供了有效途径。

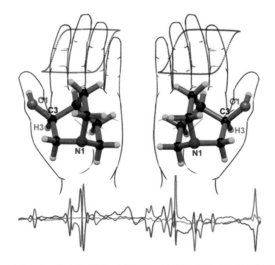

图10　（R）-3-奎宁环醇和（S）-3-奎宁环醇的分子结构和它们的
振动圆二色光谱展示出完美的镜像关系

3.2.4 半导体特性分子铁电体

同时具有铁电性和半导体特性的铁电半导体是一类重要的光电功能材料。铁电半导体具有独特的反常光生伏打效应，光生电压可以远远大于材料的禁带宽度。高的光生电压和电场可调的光伏特性，使其在光伏器件、光驱动器、光传感器等领域有着广泛的应用前景。铁电半导体的研究主要集中在 $BaTiO_3$、$BiFeO_3$ 等无机铁电体，而已发现的有机单分子类、有机胺盐类、冠醚包合物类、金属甲酸框架类等分子铁电体都不具有半导体特性。

熊仁根课题组合成出首例分子铁电半导体（benzylammonium）$_2PbCl_4$，该化合物具有有机 – 无机杂化二维钙钛矿型结构，居里温度高达438K，自发极化为 $13\mu C/cm^2$，直接半导体带隙为3.65eV。分子铁电半导体之前未有报道，该研究成果为构筑分子铁电半导体指明了方向。随后，该课题组又设计合成了带隙更低的二维钙钛矿分子铁电半导体 [CHA]$_2$[PbBr$_4$]（CHA 为环己胺阳离子），通过用 I 取代一部分的 Br 对其铁电性质和半导体特性进行了调控。分子铁电半导体 [CHA]$_2$[PbBr$_{4-x}$I$_{4x}$]（$x = 0.175$）的带隙（2.74 eV）可以和被广泛研究的无机铁电半导体 $BiFeO_3$（2.7eV）相媲美。罗军华课题组发现 [CHA]$_2$[PbBr$_4$] 晶体在光照条件下表现出各向异性的半导体光电特征。沿金属骨架层的二维延伸方向产生显著温度依赖性的光伏电压和光伏电流，垂直方向则表现出明显的光电导特性。

罗军华课题组以三维溴化铅钙钛矿为基础，通过引入混合有机阳离子配体的设计策略，构筑了一例具有二维多层钙钛矿结构的铁电半导体（C$_4$H$_9$NH$_3$）(CH$_3$NH$_3$)$_2$Pb$_3$Br$_{10}$，自发极化和光学带隙分别为 $2.9\mu C/cm^2$ 和 2.4eV。

利用该铁电晶体组装的光电探测器表现出良好的探测性能，尤其是其响应时间达到 $150\mu s$ 左右，对晶体本征吸收区的光辐射可以实现高灵敏度、快速探测。随后，该课题组通过引进柔性的有机阳离子到三维的 $CsPbBr_3$ 钙钛矿中，设计合成了一例包含有机阳离子和无机碱金属的二维双层钙钛矿铁电半导体（$C_4H_9NH_3$）$_2CsPb_2Br_7$，自发极化强度为 $4.2\mu C/cm^2$，光学带隙为 $2.70eV$。研究发现，区别于其他的钙钛矿型分子铁电体，该化合物中无机碱金属 Cs^+ 的原子位移和有机阳离子的有序无序化协同诱导了该化合物的铁电自发极化。基于该铁电晶体组装的光电器件也表现出良好的探测性能）。这些工作拓展了分子铁电体在光电应用领域方面的研究。

3.2.5 分子铁电体精准设计新策略

分子铁电体兼具分子材料的柔性、轻量、低声阻抗等优点和铁电材料的铁电性、压电性、高介电性、热释电性等优异性质，具有重要的学术价值和巨大的实际应用潜质。然而，新型分子铁电体的寻找犹如大海捞针，面临着极大的挑战。因为铁电体在铁电相必须结晶在 1（C_1）、2（C_2）、m（C_s）、$mm2$（C_{2v}）、3（C_3）、$3m$（C_{3v}）、4（C_4）、$4mm$（C_{4v}）、6（C_6）、$6mm$（C_{6v}）10 个极性点群，并且往往还需要有铁电相变。自 1920 年第一个铁电体——分子铁电体罗息盐发现以来，对铁电体的寻找一直依赖盲目筛选，缺乏行之有效的定向合成方法。

熊仁根课题组从化学的角度出发，深入理解铁电相的 10 个极性点群并结合居里对称性原理、诺埃曼原理以及朗道相变理论，创造性地总结、提出了分子铁电体的精准设计新方法——"似球－非球理论""引入单一手性"与"氢/氟取代"策略，将分子铁电体的发现从盲目的寻找转变为合理的化学设计。具体而言，"似球－非球理论"是针对晶体对称性降低的化学设计思想，即通过化学修饰或剪裁高对称性的阳离子，在分子水平上改变晶体的对称性和特定的相互作用，来实现铁电性的设计和调控。11 个手性点群中有 5 个（C_1、C_2、C_4、C_3 和 C_6）是极性点群，手性分子的引入使材料更容易结晶在 5 个手性的极性点群中，大大增加了诱导铁电的可能性，即"引入单一手性"策略。此外，"氢/氟取代"策略与"氢/氘同位素效应"类似，氟原子的引入通常使得在极性基团保持不变的同时引起轻微的结构破坏，从而显著提高材料的居里温度和自发极化。基于这些设计策略，该课题组精准合成了系列具有大饱和极化、大压电系数、半导体特性、多极轴特性、光致发光等优异性能的分子铁电体。

熊仁根课题组提出的化学设计策略也得到国内外同行的应用并验证，是设计分子铁电体的行之有效方法。鉴于此，该课题组受邀为 *Journal of the American Chemical Society* 撰 写 题 为 "Molecular Design Principles for Ferroelectrics: Ferroelectrochemistry" 的展望文章，并提出"铁电化学"概念（图 11），为开发高性能分子铁电体提供有效的方法学指导。

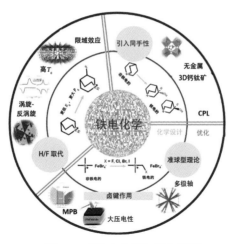

图 11 "铁电化学"概念示意

3.2.6 应用于新一代光电探测技术的光铁电半导体晶体材料

光铁电体是光生载流子与铁电极化相互耦合表现出优异光电性能的一类铁电材料，在下一代光电器件中具有重要的应用前景。光铁电体是一类特殊的极性光电材料，其内部偶极子有序排列形成自发极化，而且在外加电场下能够翻转或者重新取向。立足自发极化，铁电材料表现出丰富的物理性能，特别是光辐照下产生新颖的光铁电现象，如反常光生伏特效应、光折变和光致形变效应等。罗军华课题组以创制强光电耦合的新型光铁电晶体材料为主要目标，通过调控偶极基元之间的相互作用诱导自发极化，在此基础上成功地将铁电极化与载流子输运有机结合起来，开辟了杂化"光铁电半导体"研究新领域；发展出新一代铁电极化驱动的光电探测技术、高灵敏偏振探测技术及高性能高能射线探测技术，相关研究成果发表在 *Angewandte Chemie International Edition*、*Journal of the American Chemical Society*、*Advanced Materials* 等国际顶级期刊，引领了光铁电晶体材料在光电领域的发展方向，该系列研究工作不仅为后续设计光铁电半导体晶体提供了一种新的设计策略，还为此类材料在光电应用领域的应用奠定基础。

3.2.7　发现极化快速翻转的分子基铁电晶体材料

如何实现自发极化的快速反转是当前分子铁电材料研究所需要解决的一个重要问题。罗军华课题组设计合成了一例离子型铁电化合物，并实现了自发极化效应的快速反转。研究发现，化合物中 *N*- 甲基吗啉阳离子与三硝基苯酚阴离子之间通过强烈的 N-H⋯O 氢键相连接，这两种结构基元在温度为 315K 附近均发生有序 – 无序的变化，协同诱导该化合物产生自发极化效应；外加电场作用下该材料的自发极化非常容易发生反转，翻转频率高达创纪录的 263kHz。

3.2.8　发现非公度结构调制分子铁电晶体

非公度相是铁电材料的一种特殊调制结构，对揭示材料铁电起源和阐明物理性能具有重要意义。与金属氧化物相比，目前对分子基铁电体的非公度相调制结构的研究很少，非常不利于人们深入理解铁电材料的性能起因与拓展新的铁电材料体系。在铁电体的顺电相－铁电相的结构转变过程中，罗军华课题组首次发现了三个连续的过渡态非公度相，X–射线衍射谱图呈现出明显的卫星散射斑，表明原子沿极轴方向受到调制；课题组对非公度相的超结构进行分析发现，该晶体的调制结构周期是原胞周期的 7 倍，沿极轴方向的调制波矢 q 约为 0.1589，是明显的非整数倍。特别地，该材料的非公度相调制结构和铁电性能均与无序化的结构基元密切相关。在顺电相时，组成化合物的阴离子结构基元处于高度无序化的状态；进入非公度相，基元的无序化被部分冻结，部分原子处于被调制状态；在铁电相时，原子运动进一步受到限制，结构基元完全有序，从而对称性破缺诱导产生铁电性能。这种结构基元连续的变化导致晶体的结构相变，依次经历顺电相－非公度相－铁电相的过程。该研究结果详细地描述了分子基铁电的非公度相结构，揭示了晶体的铁电性与结构相变的关联，阐明了材料铁电性能的结构起因，为发展新的铁电材料体系提供了重要参考。

3.3 激光与非线性光学晶体

激光晶体与非线性光学晶体是激光产生和激光波长拓展的物质基础，因此新型激光与非线性光学晶体材料研究一直是过去 50 年无机非金属材料领域的研究热点之一，目前商用激光与非线性光学晶体频率产生与变换范围已经能够基本覆盖从中红外到紫外广阔的光学波段。在非线性光学晶体方面，以"中国牌"晶体为标志的中国晶体研究力量从理论设计、材料制备到产品主导全球市场，形成了完整创新技术链，引领了国际新晶体研究。随着激光应用需求在波长范围上向深紫外和中远红外两端的拓展，我国的目标是在现有基础上加强源头创新研究，争取持续保持国际领先地位；在激光晶体方面，虽然我国在钛宝石、钒酸钇等一些晶体生长方面做出了重要贡献，但有史以来，实用化的激光晶体源头创新在国外，一些重要的激光晶体受制于人。随着激光性能向高功率、宽调谐、高重频等方向发展，现有商用晶体在一些方面已无法满足应用需求，我国的目标是自主研发新型激光晶体，拓展应用波段，突破"卡脖子"技术。本方向在功能基元研究方法的指导下，构建光电功能基元，研究光电功能基元结构与性能关系及其光电功能的效应协同，发展以光电功能基元为基础的无机模块化学合成方法，系统探索非线性光学晶体与激光晶体构效关系理论、深紫外与中红外非线性光学晶体、特殊波长激光晶体等方面工作，实现光电功能物质的结构设计与可控合成研究目标。紫外非线性光学晶体研究工作继续引领世界，红外晶体方面部分研究工作进入国际前沿，在多个激光应用领域由于晶体材料的突破，解决了若干"卡脖子"技术问题。

3.3.1　非线性光学晶体构效关系研究

1976 年，陈创天院士提出的阴离子基团理论对合成和设计硼酸盐紫外非线性光学晶体起到了很好的指导作用，同时促进了该领域的跨越式发展。但是，目前随着激光技术的发展对短波紫外非线性光学晶体要求的不断提高，对新晶体的需求也变得尤为迫切。然而经过多年的研究，从简单硼酸盐到复合硼酸盐的紫外晶体硼酸盐体系，特别是硼铍酸盐，在结构设计、晶体生长等方面进行了较为系统的研究，继续发现新型硼酸盐非线性光学晶体材料难度不断增大。因此，以阴离子基团理论为基础开拓新的紫外材料体系显得十分紧迫。

中国科学院福建物质结构研究所叶宁课题组从硼酸盐核心功能基元［BO_3］三角形基团出发，首次提出以同样具有 π 共轭电子结构构型的 CO_3 基团为功能基元，将非线性光学晶体材料的探索范围拓展至碳酸盐体系，通过精确调控晶格中碱金属与二价的碱土、d_{10} 过渡金属 Zn 和 Cd，以及含孤对电子的 Pb 等阳离子的相对大小，实现 CO_3 基团共面平行排列，获得一系列分子式为 ABCO₃F（A = Na，K， Rb，Cs；B = Ca，Sr，Ba，Zn，Cd，Pb）的新型碳酸盐紫外非线性光学晶体（图 12）。与硼酸盐类似，这类以 CO₃ 基团平行排列为结构特点的碳酸盐具有短的紫外吸收边、大的双折射率、大的非线性光学系数和高的激光损伤阈值，其中多例晶体可在短波紫外波段实现相位匹配（266nm，四倍频），是一类优秀的紫外非线性光学晶体材料。相关研究吸引了国内外同行的广泛研究兴趣，美国休斯敦大学的哈拉雅曼尼（Halasyamani）教授在此基础上合成了 KMgCO₃F、RbMgCO₃F、Cs₉Mg₆（CO₃）₈F₅ 等晶体，并将 KSrCO₃F 晶体生长到约4cm，在实验上验证了其优异的短波紫外倍频性能。课题组进一步系统地研究该类化合物的结构性能关系，揭示了该类化合物中 CO₃ 基团与阳离子半径比的微观组装规律，进而揭示了阳离子半径比与非线性光学系数的调控规律。另外，课题组还在 CsPbCO₃F 晶体中发现 Pb²⁺ 与 CO₃ 基团之间独特的 p-π 作用会导致晶体呈现反常的超强二阶倍频效应（图 13）。

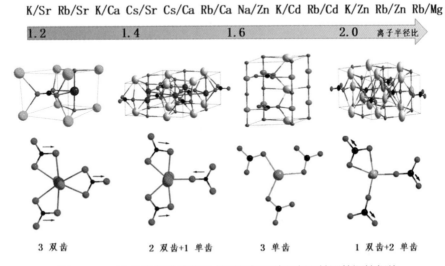

图 12　ABCO₃F 类晶体结构特点及阳离子对阴离子基团的调控规律

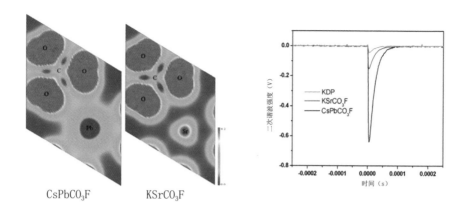

CsPbCO₃F   KSrCO₃F

图 13　CsPbCO₃F 晶体中的 p-π 作用

此外，叶宁课题组还采用了一系列其他新颖的策略来探索新型碳酸盐非线性光学晶体材料。

（1）将分子工程的方法应用到碳酸盐晶体的设计合成中，分别以 $YCa_4O(BO_3)_3$（简称 YCOB）和 $KBe_2(BO_3)F_2$（简称 KBBF）为模板化合物，合成两例有潜力应用于短波紫外甚至深紫外区域的碳酸盐非线性光学晶体——$Ca_2Na_3(CO_3)_3F$（图 14）和 $NaZnCO_3(OH)$（图 15）。

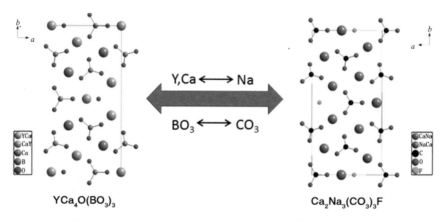

图 14　$Ca_2Na_3(CO_3)_3F$ 和 $YCa_4O(BO_3)_3$ 的晶体结构对比

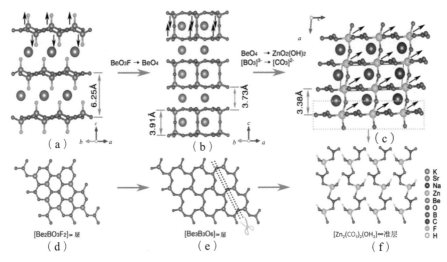

图 15　NaZnCO$_3$（OH）与 KBBF 和 SBBO 的晶体结构对比

（2）通过将 d$_0$ 阳离子（V）多面体和定域的［O$_2$］$^{2-}$ 过氧基团引入碳酸盐体系，合成 K$_3$VO（O$_2$）$_2$CO$_3$（简称 KVCO）晶体，首次发现定域 π 轨道基团对倍频效应的极大增强作用，为设计具有超大非线性光学系数的晶体提供新的思路（图 16）。韩国中央大学的康（Kang）课题组和四川大学的邹国红课题组随后合成的同构的 Rb$_3$VO（O$_2$）$_2$CO$_3$ 和 Cs$_3$VO（O$_2$）$_2$CO$_3$ 晶体均展示出超大的倍频效应。

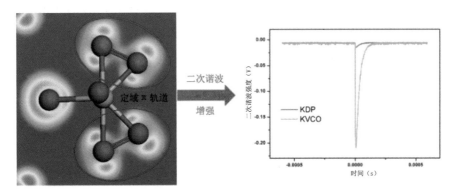

图 16　定域 π 轨道［O$_2$］$^{2-}$ 过氧基团对倍频增强机制

（3）首次将异价阳离子部分取代策略用于深紫外碳酸盐非线性光学晶体材料的设计合成，在保持原有框架结构的基础上，使中心对称的 $Y_2(CO_3)_3\cdot H_2O$（简称 YC）转变为非中心对称的 $(NH_4)_2Ca_2Y_4(CO_3)_9\cdot H_2O$（简称 CYC），从而使该晶体具备 $2.1\times$KDP 的倍频效应和较短的紫外截止边（短于 200nm）（图 17）。

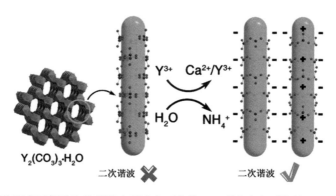

图 17　异价阳离子部分取代策略实现中心对称的 YC 到非中心对称的 CYC 晶体转变

（4）首次将具有较高电负性的卤素（Cl，Br）离子作为平衡阴离子引入稀土碳酸盐体系，合成 4 种同构但非线性光学系数不同的羟基卤素碳酸盐非线性光学晶体——$Re_8O(CO_3)_3(OH)_{15}X$（$Re=Y$，Lu；$X=Cl$，Br），并发现它们在倍频系数方面所展现的差异主要来源于局域场校正因子（F）的不同，而局域场校正因子（F）的大小与它们的折射率相关，因此，该系列化合物的倍频系数是由它们不同的折射率调制的。基于类似的 π 共轭基团设计思路，叶宁课题组还在硝酸盐体系中就非水溶性和大效应问题探索了多例硝酸盐非线性光学晶体，包括数例具有非心结构的含 Pb 硝酸盐化合物、系列非水溶性的稀土羟基硝酸盐晶体 $Re(OH)_2NO_3$（$Re=La$，Y，Gd）和首例具有超大倍频效应（$12\times$KDP）的氟硝酸盐非线性光学晶体 $Pb_2(NO_3)_2(H_2O)F_2$。

叶宁课题组进一步将三角形 π 共轭基团设计思路拓展至有机领域，在胍盐体系中，以经典的 $KBe_2BO_3F_2$（KBBF）结构为模板，将 KBBF 中的 BO_3 基团和四面体 $(BeO_3F)^{5-}$ 基团分别用有机的平面三角 $[C(NH_2)_3]^+$ 基团和无机的四面体 $(SO_3F)^-$ 替换，成功获得了第一例氟磺酸盐紫外非线性光学晶体，即 $C(NH_2)_3SO_3F$（图 18）。该晶体不含金属元素，受益于平面三角 $[C(NH_2)_3]^+$ 基团的平行共面排列，该晶体具有大的倍频效应（5×KDP）和合适的双折射率（0.133@1064nm）。此外，计算表明该晶体的色散曲线相对平滑，从而使其能在透光波段范围内都能实现相位匹配（最短相位匹配波长约 200nm）。

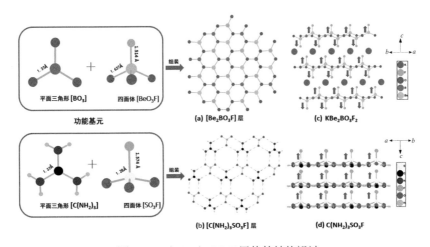

图 18　$C(NH_2)_3SO_3F$ 晶体的结构设计

叶宁课题组以 BBO 中离域 π 共轭平面阴离子基团 $(B_3O_6)^{3-}$ 能产生大效应为出发点，从基团的构效关系出发，提出以同样具有平面六元环大 π 共轭电子结构的氰尿酸氢根 $(HC_3N_3O_3)^{2-}$ 基团为功能基元。课题组从有机共晶合成领域引入滴定研磨法、结合非线性光学领域的粉末倍频测试，以一种绿色环保且高效的方式，成功合成出了一系列具有非线性光学效应的碱金属氰尿酸盐 AB $(HC_3N_3O_3) \cdot 2H_2O$（A=K, Rb; B=Li, Na）（图 19），并通过水溶液法生长出数厘米级 KLiHC$_3$N$_3$O$_3$·2H$_2$O（简称 KLHCY）和 RbLiHC$_3$N$_3$O$_3$·2H$_2$O（简称 RLHCY）大单晶，系统表征了这两例晶体的各项光学性能，证实这两例晶体都能在 266nm 以下实现相位匹配，且激光损伤阈值达到约 5GW/cm^2，是极具应用前景的新一代紫外非线性光学晶体（图 20）。

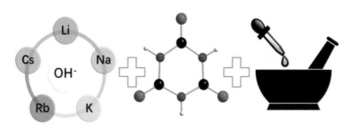

滴定研磨法+中和反应相结合探索
新型离子型有机非线性光学晶体

图 19　ABHC$_3$N$_3$O$_3$·xH$_2$O（AB= KLi，RbLi，RbNa，CsNa）晶体的探索

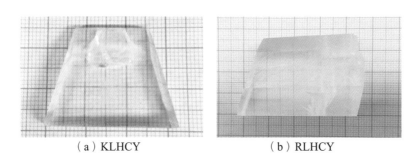

（a）KLHCY　　　　　　　（b）RLHCY

图 20　晶体照片

中国科学院新疆理化技术研究所潘世烈课题组提出，引入 F 至四面体（PO$_4$）$^{3-}$ 基团，形成的（PO$_3$F）$^{2-}$、（PO$_2$F$_2$）$^{1-}$ 微观基元具有大的微观极化率各向异性和微观超极化率，有利于双折射和倍频效应的提升。课题组在无机晶体结构数据库中搜索并应用第一性原理方法筛选出了（NH$_4$）$_2$PO$_3$F，通过溶剂蒸发法生长了厘米级单晶，粉末倍频实验表明其可满足 266nm 倍

频光相位匹配。该工作提出的氟磷酸盐拓展了该领域的研究方向，并验证了设计策略的有效性。北京师范大学陈玲课题组发现了一种新的深紫外非线性光学活性基团（PO_3F）$^{2-}$，该基团具有大的光学带隙和二阶超级化率，进一步研究发现了系列深紫外单氟磷酸盐化合物，并利用溶液法成功生长了 $NaNH_4PO_3F \cdot H_2O$ 大尺寸单晶（图 21）。中国科学院福建物质结构研究所罗军华课题组提出用非 π 共轭阴离子基团 SO_4^{2-} 来构筑新型深紫外非线性光学晶体，并在此基础上发现了 $NH_4NaLi_2(SO_4)_2$ 和（NH_4）$_2Na_3Li_9(SO_4)_7$ 两个深紫外硫酸盐晶体材料。以上研究极大拓展了阴离子基团的类型，并引起了大量新型紫外非线性光学晶体的发现。

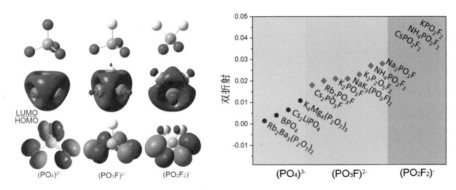

图 21 微观基团（PO_4）$^{3-}$，（PO_3F）$^{2-}$ 和（PO_2F_2）$^-$ 的前线轨道，典型的磷酸盐、单氟磷酸盐、二氟磷酸盐的计算、测试双折射值，证明引入（PO_3F）$^{2-}$ 和（PO_2F_2）$^-$ 有利于双折射提升

阴离子基团理论能够成功指导紫外晶体设计合成的关键在于，这些晶体中的 A 位金属阳离子（通常为碱金属或碱土金属）离子性强，其外围电子云分布呈球状，对外界光电场的二阶微扰响应较弱，在一级近似下可忽略不计；阴离子基团中强共价键引起的电子云畸变对非线性光学效应起主要贡献。而当非线性光学晶体探索向红外区拓展时，为了达到增强倍频效应的目的，往往需要引入过渡金属或 ⅢA—ⅤA 族重金属阳离子。在这种

情况下，金属离子与周围离子之间会形成强共价性多面体结构，离子间电子云重叠很大，难以区分出单独的阳离子和阴离子基团，阴离子基团理论的适用性受到限制。但是，目前商用的红外非线性光学晶体，如 $AgGaS_2$、$ZnGeP_2$、$AgGaSe_2$ 等普遍存在抗激光损伤阈值过低的问题。引入碱金属和碱土金属，拓宽材料带隙，是一种提高晶体损伤阈值的有效解决途径。中国科学院理化技术研究所林哲帅课题组对卤族、硫族和氧化物红外非线性光学晶体进行了系统的理论研究，结果表明，当 A 位阳离子是碱金属和碱土金属时，红外非线性光学晶体倍频效应主要来自阴离子基团，与阴离子基团理论相符。因此，阴离子基团理论可以拓展至中红外非线性光学领域，对继续探索新型优质红外非线性光学晶体依然具有指导意义。

利用级联的二阶非线性频率转换（两次倍频或一次倍频一次和频）是获得紫外波段激光的常用方法。但二阶非线性过程只能产生于非中心对称的晶体中，目前可以满足实际使用要求的具有非中心对称结构的紫外晶体有 β-BBO、LBO、CLBO、CBO 和 KBBF。而三阶非线性过程不受晶体对称性的限制，可以产生于中心对称的晶体中。但由于大多数晶体的三阶非线性极化率非常小，因此长久以来中心对称晶体中的非线性效应常被忽视。叶宁课题组通过选择具有离域 π 共轭结构的 β-BBO 晶体和 calcite 晶体，利用三阶非线性频率转换，首次在中心对称结构的晶体中实现了紫外激光的有效输出，得到 266nm 三次谐波的最高能量为 37.6μJ，最高转换率为 2.5%，证实了利用三阶非线性频率转换在中心对称晶体中获得紫外激光的可行性以及获得深紫外激光的可能性，揭示了三阶非线性频率转换在实际应用方面的潜力，同时也为紫外以及深紫外非线性晶体的探索开拓了新的研究方向（图 22）。

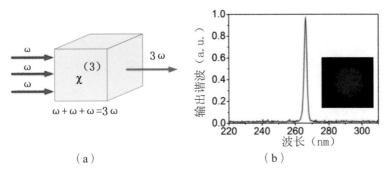

图 22 （a）三阶非线性频率转换；（b）266nm 三次谐波输出强度

随着非线性光学领域的迅速发展，面对新材料、新体系和新问题，我国亟须从全新角度认识非线性光学晶体材料的电子与原子尺度起源。中国科学院福建物质结构研究所邓水全课题组基于对非线性光学效应电子结构起源及对称性约束的一般性分析，提出了具有普遍适用性的部分响应泛函方法，建立了原子尺度的非线性光学原子响应理论。该理论不仅解释了阴离子基团理论的成功，还在统一标准下对构成晶体的所有离子贡献进行了定量分析，从而把非线性光学效应起源的认识从阴离子基团理论上升到原子响应理论。基于该理论，课题组探索了深紫外磷酸盐 LiCsPO$_4$ 及系列硼酸盐非线性光学化合物的倍频效应起源，从原子尺度揭示了体系阳离子对倍频效应的重要贡献；通过研究系列黄铜矿型红外非线性光学晶体材料，课题组发现了非线性光学响应与可极化性及带隙的简化关系，提出了设计非线性光学材料简单实用的半经验性规律；基于先进遗传演化算法的晶体结构预测方法，课题组在硫属化合物中进一步实现了高效理论预测并实验获得了一些新型红外非线性光学化合物，包括二次谐波（SHG）系数 2.3 倍于 AgGaS$_2$（AGS）的 Ga$_2$Se$_3$，3 倍和 2.2 倍于 AGS 的 Na$_2$ZnSn$_2$Se$_6$ 和 Na$_2$CdSn$_2$Se$_6$（图 23）。非线性光学原子响应理论揭示了轨道的可极化特征及长期被忽略的非占据态轨道对倍频效应的重要作用，从全新的角度诠释了非线性光学倍频效应，对理解非线性光学晶体材料的微观机制以及功能导向的材料设计具有重要科学意义。

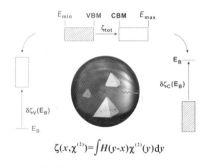

（a）普适性部分响应泛函方法及原子响应理论

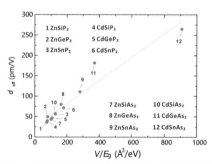

（b）系列黄铜矿型红外非线性光学晶体材料中非线性光学响应与可极化性及带隙的简化关系

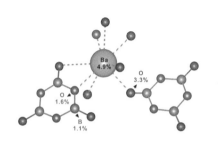

（c）BBO 中单原子贡献的大小

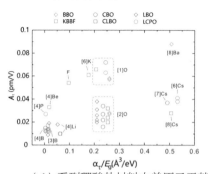

（d）系列硼酸盐材料中单原子贡献与单原子贡献可极化性及带隙的关系

图 23　非线性光学原子响应理论原理及应用

　　在材料基因组计划的框架及非线性光学晶体材料功能基元理论研究方面，目前广泛采用的是按化学稳定性所划分出的基团。但理论上，针对不同物理性质，基团划分并不一定相同。由于缺乏按照物理性质的结构划分方案，故无法对各种不同组合的基元进行比较，难以准确获得材料的功能基元。中国科学院福建物质结构研究所邓水全课题组通过分析中子衍射微分截面和 X 射线散射现象，首次提出了一般性的以物理性能为标准的基团划分理论，并基于拓扑方案对边界原子的贡献进行了划分。该理论可以针对特定物理性质计算基团贡献大小，为功能基元的划分提供了有效定量标准。课题组以 KBBF 为例，详细阐述了该理论方法的应用（图 24）。

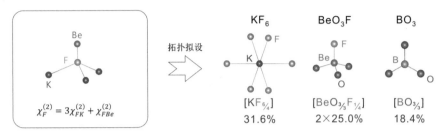

$$\chi_F^{(2)} = 3\chi_{FK}^{(2)} + \chi_{FBe}^{(2)}$$

拓扑拟设

KF$_6$ BeO$_3$F   BO$_3$

[KF$_{6/4}$]   [BeO$_{3/3}$F$_{1/4}$]   [BO$_{3/3}$]
31.6%   2×25.0%   18.4%

图 24 KBBF 中基团划分方案以及各基团对倍频系数 d_{11} 的贡献大小

中国科学院物质结构研究所郭国聪课题组早期报道的 Ga$_2$S$_3$ 微晶具有数十倍 AGS 的高激光损伤阈值等光学性能，但其倍频系数仅与商用 AGS 相当。根据非线性光学原子响应理论，将 S 取代为可极化性更高的 Se，可以提升其二阶倍频响应。扬州大学郭胜平教授发现，Ga$_2$Se$_3$ 粉末的倍频系数有明显提升，是 AGS 的 2.3 倍，同时具有高激光损伤阈值、宽光学透过范围、相位匹配等特性，是极具前景的中远红外非线性光学晶体材料。由于实验表征的 Ga$_2$Se$_3$ 立方晶格理论上无法实现相位匹配，故这一事实与粉末倍频测试实验结果相反。中国科学院物质结构研究所邓水全课题组通过自主设计高通量计算程序，给出了三种低对称性的 Ga$_2$Se$_3$ 结构模型，否定了 X 射线有关 Ga$_2$Se$_3$ 立方相的结论。这些结构模型很好地解释了实验测量的倍频系数和相位匹配现象（图 25）。

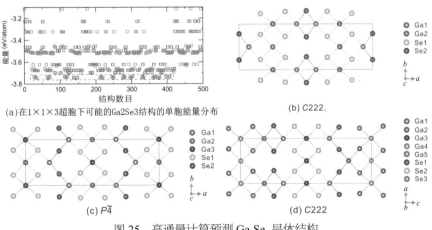

(a) 在 1×1×3 超胞下可能的 Ga2Se3 结构的单胞能量分布

(b) C222$_1$

(c) P$\overline{4}$

(d) C222

图 25 高通量计算预测 Ga$_2$Se$_3$ 晶体结构

　　探索结构与非线性光学性能的关系规律对高性能非线性光学晶体材料的设计十分关键。中国科学院福建物质结构研究所郭国聪课题组从"功能基元"实验电子结构的角度研究非线性光学晶体材料的构效关系。"功能基元"最早于 2001 年提出，是指对材料功能起关键作用的微观结构单元，通过功能基元的有序组装可获得高性能材料。非线性光学功能基元是材料结构中具有较大微观非线性光学极化率的结构单元，对晶体宏观非线性光学效应起主要贡献。

　　为了克服大非线性光学系数及高激光损伤阈值难以兼得的结构设计瓶颈，中国科学院福建物质结构研究所郭国聪课题组在功能基元思想的指导下采用"双功能基元"的结构设计思路，即把"抗激光损伤（LIDT）功能基元"（由电负性差异大的元素构建聚阳离子基团以增加带隙进而提高激光损伤阈值）和"非线性光学活性功能基元"（引入共价性为主的结构单元来增大非线性光学系数）在分子水平上组装成无心结构的思路，成功合成了一系列高性能的红外非线性光学晶体新材料体系，如 $[A_3X]$ $[Ga_3PS_8]$（A = K, Rb; X = Cl, Br）（图 26），这些化合物具有高的非线性光学系数（4~9 倍 $AgGaS_2$）及高的粉末激光损伤阈值（31~39 倍 $AgGaS_2$），突破了高非线性光学系数和高激光损伤阈值难兼得的瓶颈，如 Li $[Cs_2LiCl]$ $[Ga_3S_6]$，$[ABa_2Cl]$ $[Ga_4S_8]$（A = Rb, Cs）等。

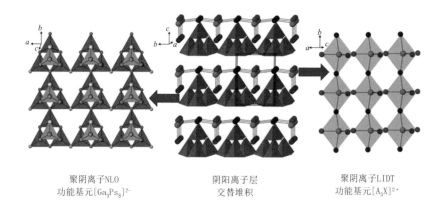

聚阴离子NLO　　　　　阴阳离子层　　　　　聚阴离子LIDT
功能基元$[Ga_3Ps_8]^{2-}$　　交替堆积　　　功能基元$[A_3X]^{2+}$

图 26　双功能基元组装策略设计红外非线性光学晶体材料 $[A_3X]$ $[Ga_3PS_8]$

（A = K, Rb; X = Cl, Br）

  非线性光学响应是材料中的电子在激光作用下的二阶极化过程，非线性光学材料的电子结构随激光外场作用的改变而改变，同一材料中非线性光学功能基元的电子结构对激光场的响应幅度是最大的。中国科学院福建物质结构研究所郭国聪课题组在国家重大科研仪器研制项目的资助下，研制了实验电子结构测试新仪器，即采用 X 射线衍射方法精修获得材料的实验电子结构，提出从实验上确定非线性光学功能基元的方法，即通过原位测试非线性光学晶体在无激光（初始态）和有激光（功能态）下的电子结构（电子密度分布和波函数），比较它们的拓扑特征变化，将电子结构变化较大的微观结构单元归属为非线性光学功能基元。这里的功能态是指非线性光学晶体在激光作用下（激光波长远小于晶体带隙）其电子云发生极化或畸变，展现非线性光学功能的状态，不同于荧光材料和光电转换材料中电子激发跃迁产生的激发态。

  中国科学院福建物质结构研究所郭国聪课题组以著名的非线性光学晶体 LiB_3O_5（LBO）为例，研究其在无光照和 360nm、1064nm 激光照射下的原位电子结构，发现 $[B_3O_5]^-$ 基团在激光下，其拓扑原子电荷、原子体积和偶极矩都会发生明显变化，O 原子上的电子会朝 B 原子转移，且 BO_3 三角形单元电子结构对外场的响应幅度比 BO_4 四面体的要大，而 Li 周围的电子云变化可忽略，确认了 B–O 基团 $[B_3O_5]^-$ 为 LBO 的非线性光学功能基元。该工作首次从实验上高精度测试了 LBO 的非线性光学材料在初始态和功能态的电子结构，研究其电子结构变化，揭示非线性光学功能基元，实现材料结构的实验研究从原子层次到电子层次的跨越，为非线性光学材料功能基元和构效关系的研究提供了新的途径，这是国际上在非线性光学领域的第一篇原位实验电子结构的论文，被审稿人评价为非线性光学领域的里程碑工作（图 27）。

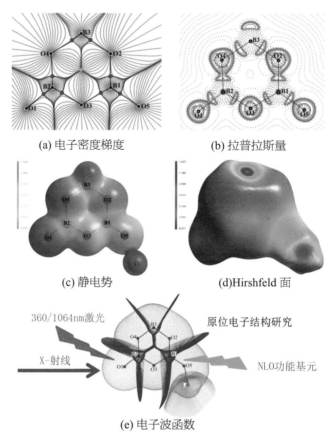

(a) 电子密度梯度

(b) 拉普拉斯量

(c) 静电势

(d)Hirshfeld 面

360/1064nm激光

原位电子结构研究

X-射线

NLO功能基元

(e) 电子波函数

图27 "中国牌"非线性光学晶体 LBO 的原位实验电子结构

3.3.2 深紫外非线性光学新晶体

深紫外（$\lambda<200nm$）非线性光学晶体是获得全固态深紫外激光的核心元件，目前仅有 $KBe_2BO_3F_2$（KBBF）晶体实现了 Nd:YAG 的直接六倍频深紫外激光（$\lambda=177.3nm$）输出，然而严重的层状习性制约了 KBBF 的商业化生产和实际应用。数十年来，设计合成新一代深紫外非线性光学晶体一直是亟待研究的方向。中国科学院福建物质结构研究所叶宁课题组以

KBBF 的结构为设计模板，在保持其结构和性能优点的同时，通过 N–H…F 氢键和 Be–F 离子键强化层间连接，分别合成两例有效克服层状习性的深紫外非线性光学晶体 $NH_4Be_2BO_3F_2$（ABBF）和 Be_2BO_3F（γ-BBF）（图 28）。ABBF 和 γ-BBF 的紫外截止边、双折射和倍频效应非常接近或优于 KBBF，使得其 I 类最短相位匹配波长分别可达 173.9nm 和 146nm，展示出优异的深紫外光输出潜能，是极具应用前景的深紫外非线性光学晶体，相关研究成果曾入选中国科学院创新成果展（图 29）。

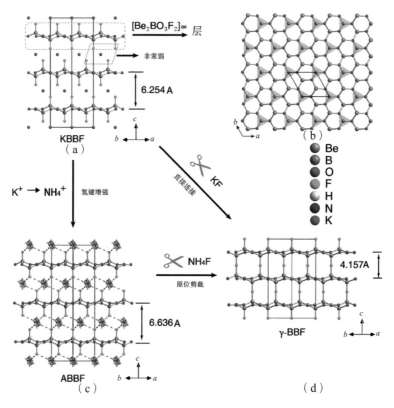

图 28 （a）KBBF、（c）ABBF 和（d）γ-BBF 晶体结构对比；

（b）［$Be_2BO_3F_2$］$_\infty$ 功能层

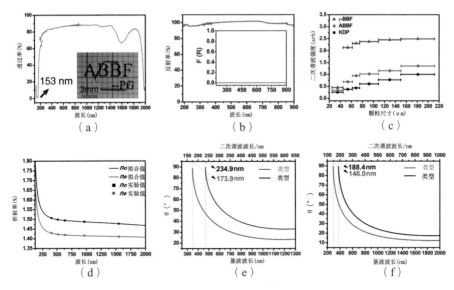

图29 （a）ABBF的透过图谱；（b）γ-BBF的紫外漫反射图谱；（c）ABBF和γ-BBF
与标准晶体KDP的粉末倍频效应对比；（d）ABBF的实测折射率和折射率拟合曲线；

（e）ABBF的相位匹配曲线；（f）γ-BBF的相位匹配曲线

中国科学院新疆理化技术研究所的潘世烈课题组率先提出了$BO_{4-x}F_x$（x=1，2，3，[BOF]）功能基团引入硼酸盐框架设计深紫外非线性光学晶体的策略，研究发现，F^-离子的引入增大了[BOF]基团的各向异性，可增大材料双折射，在获得大带隙的同时可以避免层状生长习性。基于此，该课题组成功设计合成出一系列综合性能优异的氟硼酸盐化合物AB_4O_6F（A=NH_4，Na，Rb，Cs，K/Cs，Rb/Cs）和$MB_5O_7F_3$（M=Mg，Ca，Sr）等，这些材料突破了传统短波长非线性光学晶体材料"短紫外截止边－大倍频响应－适中双折射率"各性能指标之间的限制，有望实现低于200nm的深紫外激光倍频输出。其中，成功设计合成出的$NH_4B_4O_6F$（ABF）晶体具有非常短的紫外截止边（156nm），较大的倍频系数（3×KDP），适中的双折射能够满足深紫外相位匹配（计算最短匹配波长158nm）（图30）。同时，与KBBF相比，ABF的晶体结构更加紧凑，层间作用力显著增强，从而消除了层状生长习性，获得了厘米级的晶体。此外，该材料原料不含剧毒铍元素，且倍频效应是 KBBF 的 2.5 倍，用于深紫外激光光源可获得更高的转换效率，该课题组发现了近 50 例氟硼酸盐新化合物。中国科学院福建物质结构研究所叶宁课题组发现了新化合物 $M_2B_{10}O_{14}F_6$（M = Ca，Sr）。目前所有已发现的具有非线性活性的氟硼酸盐晶体都表现出了优异的非线性光学性质，实现了"宽带隙 – 大倍频及合适双折射率"间的平衡。上述研究结果已发表在 *Journal of the American Chemical Society*（2 篇）、*Angewandte Chemie International Edition*（4 篇）等国际著名期刊，两次被美国 *C&EN* 期刊专题报道，并入选"2017 中国十大光学进展"。

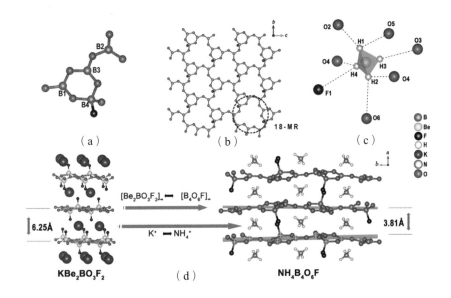

图 30　（a）氟化硼酸盐 $NH_4B_4O_6F$（ABF）中（B_4O_8F）$^{5-}$ 微观基元；（b）两维［B_4O_6F］$_\infty$ 层；（c）NH_4^+ 配位环境；（d）KBBF 和 ABF 的结构对比

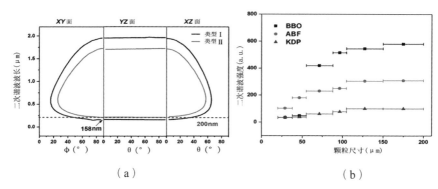

图 31　（a）氟化硼酸盐 NH$_4$B$_4$O$_6$F（ABF）的相位匹配波长；（b）ABF 与标准晶体
KDP 和 BBO 的粉末倍频效应对比

　　与此同时，中国科学院福建物质结构研究所罗军华课题组以著名的非线性光学晶体 Sr$_2$Be$_2$B$_2$O$_7$ 为结构模板，利用配位能力相近的 Li$^+$ 和 Al^{3+} 取代有毒的 Be^{2+}，定向设计并合成了一种新型无铍短波紫外非线性光学晶体材料 K$_3$Ba$_3$Li$_2$Al$_4$B$_6$O$_{20}$F（KBLABF）。KBLABF 层状结构单元通过牢固的 Ba–O 键连接，从而克服了层状生长习性，所生长晶体 c 向最厚达 10mm。另外，他们系统研究了 KBLABF 的折射率、抗激光损伤阈值、硬度、抗潮解性和热学性质等，发现该晶体在倍频输出日盲紫外激光方面具有潜在应用前景。该成果已获中国发明专利授权并已申请 PCT 国际专利。美国化学会无机化学和固体化学分会前主席珀佩尔迈尔（Poeppelmeier）教授评价该工作为设计高性能的无铍深紫外非线性光学晶体材料提供了新的机遇。

　　传统的深紫外非线性光学晶体材料主要集中在 π 共轭体系的典型功能基元，如离域 π 共轭的 BO$_3$ 基元。中国科学院福建物质结构研究所罗军华课题组提出了发展非 π 共轭深紫外非线性光学晶体材料的研究思路，设计合成了系列新型非 π 共轭深紫外非线性光学晶体材料。课题组基于四面体基元自聚合策略发展了兼具大倍频效应和短紫外吸收边的新型非 π 共轭深紫外非线性光学晶体材料 RbBa$_2$（PO$_3$）$_5$。罗军华课题组与中国科学院理化技术研究所林哲帅合作，对相关材料的光学性质了理论计算，发现随着 PO_4 四面体聚合程度的提高，相应磷氧结构基元的微观非线性光学系数呈增大趋势，这为设计合成具有大非线性光学效应的新型非线性光学晶体材料提供了新的研究思路。基于柔性结构基元的分子裁剪设计，课题组成功获得了紫外吸收边显著蓝移的新型非 π 共轭深紫外非线性光学晶体 $Ba_5P_6O_{20}$，并发现了与 KBBF 相反的紫外吸收边蓝移机制；合成了一种热致相变诱导倍频效应增强的新型非 π 共轭深紫外非线性光学晶体 $RbNaMgP_2O_7$。与通过化学创制非线性光学晶体材料实现倍频效应增大的常规思路相比，该工作提供了一种增强非线性光学晶体材料倍频效应的物理性手段。另外，课题组发现了两种硫酸盐非 π 共轭深紫外非线性光学晶体材料 $NH_4NaLi_2(SO_4)_2$ 和 $(NH_4)_2Na_3Li_9(SO_4)_7$，并揭示了两种材料间的异常倍频效应差异源自它们结构中 SO_4 基元的非键合氧原子 2p 轨道取向不同，为研究此类材料的结构设计提供了重要参考。此外，受中国传统文化中的"阴阳调和"思想启发，课题组提出了同时引入最强电负性的 F^- 和最强电正性的 Cs^+ 来协助构筑非中心对称结构的思路，成功设计合成了首例氟磷硅酸盐非 π 共轭深紫外非线性光学晶体材料 $CsSiP_2O_7F$。通过理论计算，证实其结构中的 $SiP_2O_{10}F$ 是一种新型非线性光学功能基元。该项工作开辟了氟磷硅酸盐非线性光学晶体材料新体系。

同时，超高峰值功率激光可提供前所未有的极端物理实验条件，目前国际上大于 10PW 功率输出的超短脉冲装置主要采用 OPCPA 的技术路线，大尺寸 LiB_3O_5（LBO）晶体是采用 OPCPA 技术发展 10~100PW 级功率的超高峰值功率激光不可替代的关键核心材料。近年来，大尺寸 LBO 晶体器件逐渐成为整个装置上的"卡脖子"材料，制约了我国超高峰值功率激光的发展。中国科学院福建物质结构研究所龙西法课题组针对大尺寸 LBO 晶体生长过程，结合理论和过程仿真模拟，研究影响晶体生长过程中组分、流动和温度场演变，确立缺陷形成规律，建立大口径 LBO 晶体过程优化控制策略和方法；在大尺寸 LBO 晶体生长过程中，逐步探索优化助熔剂组合，防止硼氧键链（O-B-O）形成三维网络结构而导致溶液黏度过高、生长边界层过厚、溶质输运慢等问题；提出并实现了选择性定向－近匹配方向生长大尺寸 LBO 晶体的工艺，解决近匹配方向定向生长大尺寸 LBO 晶体的困难。课题组通过研究影响晶体生长过程中组分、流动和温度场演变，对大尺寸 LBO 晶体生长体系进行优化，消除晶体生长过程中出现的杂晶及包裹情况，完成了大尺寸 LBO 晶体退火工艺的开发，成功生长出 4520g LiB_3O_5 单晶（图 32），晶体尺寸为 240mm × 180mm × 80mm，经加工，获得尺寸为 110mm × 120mm × 26mm 的 LBO 晶体器件，并完成测试。

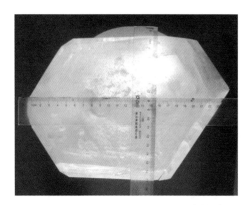

图 32　大尺寸 LiB_3O_5 单晶

3.3.3　红外非线性光学晶体

红外可调谐激光在军事和民用方面都有着非常重要的应用。目前，利用红外非线性光学晶体参量振荡方法是获得红外激光输出的重要手段，该方法具有激光器结构紧凑、全固态化，可实现大功率、窄线宽激光输出等优势，其核心部件之一就是红外非线性光学晶体。但国外 20 世纪 70 年代发现的传统黄铜矿类红外非线性光学晶体 $ZnGeP_2$、$AgGaS_2$ 和 $AgGaSe_2$ 的性能已无法满足现代红外激光技术发展需求。中国科学院福建物质结构研究所叶宁课题组和理化技术研究所姚吉勇课题组，基于能带调控策略，向硫属化合物中引入最重的碱土金属 Ba，分别发现了 $BaGa_4S_7$ 和 $BaGa_4Se_7$ 两种高性能新型红外非线性光学晶体。目前，叶宁课题组已经可以稳定生长出 Φ 15 × $40mm^3$ 的 $BaGa_4S_7$ 晶体（图 33），姚吉勇课题组已生长出 Φ 40 × $150mm^3$ 的 $BaGa_4Se_7$ 晶体。美国、德国、俄罗斯等国采用上述晶体进行了一系列的激光实验，结果表明，$BaGa_4S_7$ 和 $BaGa_4Se_7$ 是一类综合性能优秀，有重要应用前景的新型中远红外非线性光学晶体材料。特别是这两个材料的激光损伤阈值是目前中红外晶体中最高的，突破了红外非线性光学晶体激光损伤阈值低的重要应用瓶颈，该项研究工作走在了世界前列。

图 33　$BaGa_4S_7$ 大尺寸单晶

红外非线性光学晶体的宽带隙和大倍频效应存在矛盾关系，因此探索性能均衡的红外非线性光学晶体面临着巨大的挑战。金刚石结构化合物中的原子均处于四配位环境，有利于产生大的带隙，同时这些四面体基元以立方或六方密堆积的形式空间排列，取向一致，有利于产生强倍频效应。因此，中国科学院理化技术研究所林哲帅课题组重点对硫族类金刚石结构化合物进行了研究，绘制了完整的类金刚石结构家族谱，并对其性能进行了大规模计算。研究显示，商用 $AgGaS_2$ 晶体仍然是常规型类金刚石红外非线性晶体中性能最优的，但部分缺陷型类金刚石结构在保持与 $AgGaS_2$ 带隙接近的基础上，表现出了显著增强的倍频效应。随后，中科院理化技术研究所姚吉勇课题组实验发现了缺陷型 Hg_2GeSe_4 晶体，该晶体倍频效应是 $AgGaS_2$ 晶体的两倍，证实了理论预测。中国科学院新疆理化技术研究所潘世烈课题组也报道了新型类金刚石红外非线性光学晶体 $Li_4HgGe_2S_7$，倍频效应是 $AgGaS_2$ 晶体的 1.5 倍，损伤阈值是 $AgGaS_2$ 的 3.5 倍。中国科学院福建物质结构研究所叶宁课题组以经典的闪锌矿和纤锌矿结构为模板，通过异价阴离子取代策略，将强电负性的重卤素 I 引入磷属化合物，成功获得了四例碘代磷属化合物非线性光学晶体，即 M_3PnI_3（M=Zn，Cd；Pn=P，As）（图 34）。它们具有缺陷型金刚石结构，结构内［$MPnI_3$］混合阴离子基团具有一致的排列使晶体具备很强的倍频效应（2.7~5.1 × $AgGaS_2$），同时这些晶体具有很大的带隙（2.38~2.85eV）和较宽的红外透过范围，实现了带隙、倍频效应和红外透过范围三者的平衡。这些研究表明类金刚石结构是探索新型优秀红外非线性光学晶体的一个潜力方向。

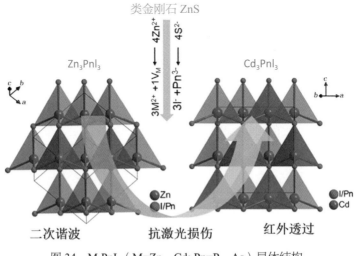

图 34　M_3PnI_3（M=Zn，Cd; Pn=P，As）晶体结构

在中远红外非线性光学晶体材料的应用开发方面，中国科学院福建物质结构研究所郭国聪课题组发现的单斜相（β-）Ga₂S₃非线性光学晶体材料激光损伤阈值高（30AGS），SHG 响应与 AGS 相当（0.83AGS），透过范围宽（0.45~12.5μm），采用 1.064μm 泵浦在 3.15~12μm 可实现相位匹配，是目前极少数能同时实现 3~5μm 和 8~12μm 两个红外窗口相位匹配的非线性光学晶体材料，比热容大于 AGS，双折射率 Δn =0.0239，略高于 AGS，同成分熔化，展示出优秀的综合性能和较好的应用潜力。成果获得授权中国发明专利两件和美国授权专利两件。中国科学院福建物质结构研究所郭国聪课题组针对 Ga₂S₃存在高温六方相、中温单斜相和低温立方相三种晶体，采用创新的晶体生长技术，突破中温单斜相 Ga₂S₃晶体的生长难题，生长出尺寸 >30mm 的晶体，制作成规格为 5mm×5mm×5.08mm 的晶体器件（图 35）。

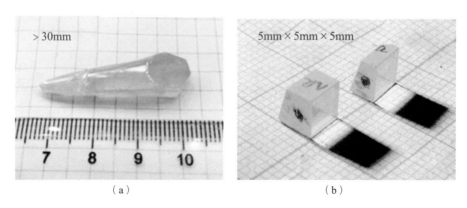

（a）　　　　　　　　　　　（b）

图 35　（a）Ga₂S₃晶体；（b）器件

3.3.4　激光晶体与透明陶瓷

1.55μm 波段激光具有对人眼安全、位于良好的大气传输窗口及 Ge 和 InGaAs 探测器的探测灵敏区等优点，可广泛应用在激光雷达、激光测距和三维成像等领域。Er^{3+}/Yb^{3+} 双掺杂磷酸盐玻璃是目前唯一一种已实现商品化的 1.55mm 波段激光材料。然而，玻璃低的热导率和激光损伤阈值使其难以实现高平均功率激光输出，基于该材料研制出的 1.55mm 波段激光器件也无法完全满足相关仪器的应用需要。中国科学院福建物质结构研究所黄艺东课题组基于晶体结构 – 光谱 – 激光性能间构效关系的研究，通过对激光晶体多发光中心多面的调制，研发出了新型 Er^{3+}/Yb^{3+} 双掺杂 $RAl_3(BO_3)_4$（R = Y, Gd, Lu）系列激光晶体，并通过改进助熔剂体系和优化生长工艺参数，生长得到大尺寸（>45mm×45mm×30mm）和高光学质量的单晶。采用该类晶体作为工作物质，课题组已实现了高效率（>35%）和高功率（>2.0W）的 1.55mm 波段连续激光运转，并研制出了高性能的脉冲激光器件，性能达到国际领先水平。基于该类晶体研制出的人眼安全 1.55mm 波段微型固体激光器件有望为自动驾驶激光雷达和激光测距等仪器提供一种性能优良的探测光源。研究工作不仅在自动驾驶激光雷达和激光测距等领域打破了受制于人的困境，还可对外进行反向制约。

在复合功能晶体研究方面，山东大学王继扬课题组注重激光与倍频的功能复合，成功将激光与非线性光学晶体两大核心功能基元（阴离子基团和多发光中心多面体）耦合，设计出新型激光自倍频晶体 Yb/Nd:Y（Gd）COB，并实现了大尺寸激光自倍频晶体的生长和器件设计，获得了国际最高功率激光自倍频绿光输出。课题组解决了原先自倍频晶体输出效率低于激光与倍频分立器件输出效率这个长期无法解决的难题。晶体在多个项目中得到高度认可和评价，并实现了产业化，在国际小功率绿光激光器市场中占有重要份额，带动下游产品应用 10 亿元的市场规模；同时在国际上首创了黄光自倍频激光器件，获得 10W 级激光输出，填补了可实用黄光激光器件空白，有着重要应用前景；还拟应用于激光照明、指示等方面，目前已经实现专利使用权转让，初步实现产业化。研究成果获得 2012 年度国家发明奖二等奖。

此外，在大尺寸高品质激光透明陶瓷制备方面，中国科学院福建物质结构研究所的曹永革课题组，利用非平衡制备理论与表面活化方法制备了高烧结活性的单分散、球形、高纯 YAG 陶瓷纳米粉体，显著降低了烧结温度，避免了晶粒异常长大，实现了近"无气孔"烧结，降低了陶瓷散射损耗；通过合适的烧结助剂组合探索以及晶界工程和晶体场调制理论与技术，结合陶瓷素坯烧结过程中的热力学和动力学控制，实现了晶界与微结构的有效调控，获得了薄直纯的晶界和尺寸均匀晶粒以及极少的微气孔，进一步降低了陶瓷固有的散射损耗（达到单晶水平 0.2%），课题组在此基础上成功研制出直径 350mm 的大尺寸高品质激光透明陶瓷。2012 年实现的 Nd:YAG 陶瓷单片 3300W 连续激光输出，标志着我国成为世界上第三个实现单片千瓦以上陶瓷激光输出的国家，且 2013 年进一步实现 5000W 热容激光输出；在国内外率先报道了采用流延成型法成功制备三明治型复合光波导结构 Yb:YAG 激光透明陶瓷并实现激光输出，进一步实现了 Nd:YAG 陶瓷 70% 的最高激光效率。

随着经济发展和社会进步，体育场馆、港口、海洋等场合的大功率 LED 照明市场发展迅速，容量接近千亿元。传统 LED 封装采用 YAG:Ce 荧光粉结合有机胶，核心专利被国外垄断，同时有机胶易老化、不耐热，大功率化导致其"散热困难"与"封装失效"的技术瓶颈更为突出。中国科学院福建物质结构研究所洪茂椿院士等课题组研发了替代传统荧光粉胶的高光效、高可靠晶态荧光透明陶瓷材料。课题组通过结构表征和性能评价，认识晶态荧光陶瓷构效关系、致密化过程和发光性能的重要影响因素，实现具有超细晶粒、直薄晶界的高致密化晶态荧光透明陶瓷（直径 >75mm、直线透过率 >82%) 工程化制备；进一步基于功能基元理论，引入光散射中心和不同发光离子，延长光致发光路径，补偿红光 / 绿光成分，大幅提高发光效率，实现类太阳光高品质发光；通过散热管理、配光设计等集成创新，实现世界上首个实用化单颗千瓦级 COB 光源，解决了大功率 LED 传统荧光粉胶路线的"卡脖子"技术瓶颈，光源发光效率超过 180lm/W，目前已经实现技术转化和产业化，业内尚无同类水平产品。晶态荧光透明陶瓷封装大功率 LED 技术水平总体居国际前沿，获得美国、日本、韩国专利授权，构筑了从晶态荧光材料到封装结构的完整自主知识产权体系。新型晶态荧光陶瓷封装 LED 与传统大功率照明金卤灯相比，相同工况节电约 70%，如果全部取代金卤灯，可节电近 1/3 三峡电站装机容量，推广应用将大幅减少化石燃料发电及其碳排放，对于保障国家能源安全和实现"双碳"目标具有重要意义。

总之，该方向在非线性光学晶体构效关系理论、深紫外与中红外非线性光学晶体、特殊波长激光晶体、光功能透明陶瓷等方面系统开展了探索工作，实现了光电功能物质结构设计与可控合成的研究目标。紫外非线性光学晶体研究工作继续引领世界，红外晶体方面部分研究工作进入国际前沿；在多个激光应用领域里由于晶体材料的突破，解决了若干"卡脖子"技术问题。

3.4 新型电子掺杂铁硒基超导体

新高温超导体不仅是解决高温超导机制这一重大前沿科学问题的基础，而且在信息、能源、医疗等领域具有重要的应用。但发现新高温超导体的难度非常大，从 1986 年发现铜基高温超导体，到 2008 年发现铁砷基高温超导体，历时 22 年，主要是因为缺乏构造超导体的新功能基元。2008 年 2 月，日本的 Hosono 研究组首先在 F 掺杂的 LaOFeAs 中实现了 26K 的超导电性，这一进展立刻引起了凝聚态物理学界的广泛关注。随后，中国的赵忠贤研究组和陈仙辉研究组很快将铁砷基高温超导体的临界温度提升至 40K 以上，突破麦克米兰极限并证实其为非传统超导体。目前，铁砷基超导体转变温度最高已达 56K，使其成为转变温度仅次于铜基高温超导体的重要超导家族。在铜基和铁砷基高温超导体以外，是否还存在其他种类的高温超导材料，继而成为超导材料研究领域重要的前沿问题。

3.4.1 电子掺杂铁硒基超导体的首次发现

自铁砷基高温超导体被发现以来，相继发现了一系列具有不同结构的铁基超导体。典型的体系包括 ReFeAsO（Re= 稀土元素）（1111 体系）、AFe_2As_2（A = K，Sr，Ba 等）（122 体系）、LiFeAs（111 体系）等。除铁砷基高温超导体外，β-FeSe 具有类似铁砷层的结构基元，但其晶体结构仅由共边四面体组成的 FeSe 层沿 c 轴堆垛而成，不含其他铁砷基高温超导体中用来提供载流子的电荷库层。常压下，四方 FeSe 超导转变温度约为 8K。

基于结构基元调控的思路，中国科学院物理研究所陈小龙课题组在铁硒层间引入钾载流子库层，成功发现新铁硒基超导体 $K_xFe_2Se_2$，其超导临界温度为 30K，并确定了其平均结构为体心四方，空间群为 $I4/mmm$（图 36）。与铁砷基高温超导体相比，$K_xFe_{2-y}Se_2$ 在结构和性质上显著不同，主要表现在（1）电子结构上，布里渊区只存在电子型费米面，而空穴型费米面远离费米能级，显示其超导转变机制不同于其他铁基超导体；（2）新超导体的结构存在 K 和 Fe 的空位，并且 Fe 空位在 576K 发生无序 – 有序转变，导致出现多种超结构；（3）伴随无序 – 有序转变，出现反铁磁转变，铁的磁矩高达 3.3 μ_B/Fe，大大超过铁砷基高温超导体中铁的磁矩。

国内外多个研究组相继证明了 $K_xFe_2Se_2$ 的费米面构型完全不同于铁砷基高温超导体，打破了费米面嵌套诱发超导的主流观点，引发了超导研究的新热潮。这一研究结果开辟了超导研究新方向，被汤森路透发布的"Research Fronts 2013"和"Research Fronts 2014"列为物理学排名第 1 和第 7 的热点研究，国内外同行公认这是由中国科学家首次发现的与铁砷基高温超导体并列的新一类铁基高温超导体。该工作具有持续的影响力，国内外研究者在此基础上已取得了若干重要结果。

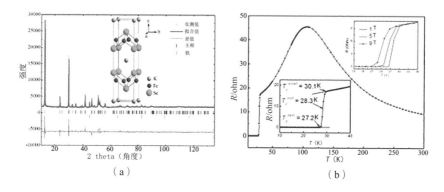

图36 （a）$K_{0.8}Fe_2Se_2$ 的 X 射线衍射图谱及 Rietveld 精修谱，插图是 $K_{0.8}Fe_2Se_2$ 的晶体结构示意；（b）$K_{0.8}Fe_2Se_2$ 的电阻随温度的变化曲线，插图是低温区的放大图

3.4.2 分子插层系列铁硒基高温超导体的首次发现

在 $K_xFe_{2-y}Se_2$ 被发现后，具有类似性质的同构超导体 $Cs_{0.8}(FeSe_{0.98})_2$、$Rb_xFe_ySe_2$、$Tl_{0.58}Rb_{0.42}Fe_{1.72}Se_2$ 和（Tl，K）Fe_xSe_2 相继被合成。众多实验手段证实该系列超导体中普遍存在相分离，即铁空位有序导致的反铁磁主相 $A_2Fe_4Se_5$（245 相）与超导相共存。245 相为绝缘相，不具有超导性。目前，超导相被普遍认为是从 $A_xFe_{2-y}Se_2$ 中析出的镶嵌在 245 相中的条纹相，其相含量通常很低，为 10%~20%。这些超导相与 $BaFe_2As_2$ 同构，可以用化学式 $A_xFe_2Se_2$（x=0.3~1.0）表示，但报道的 x 值差异较大。此外，国内外若干研究组尝试用 K、Rb、Cs 以外的碱金属或其他金属进行替代，以期获得 $K_{0.8}Fe_2Se_2$ 同构超导体，但都没有成功。为了澄清此类超导体特殊的电子结构并研究其本征物性，获得其纯超导相或真正的单晶成为当务之急。

中国科学院物理研究所陈小龙课题组首创了低温液氨法，在室温下将碱金属 Li、Na、碱土金属 Ca、Sr、Ba 和稀土元素 Eu、Yb 等插入 FeSe 层间，发现并制备了常规高温方法无法获得的 $A_x(NH_3)_yFe_2Se_2$（A = Li，Na，Ca，Sr，Ba，Eu，Yb）系列高温超导体，其最高超导临界温度达 46K，突破了麦克米兰极限温度，是目前铁硒基超导体块材在常压下的最高值。A_x（NH_3）$_y$$Fe_2Se_2$ 系列超导体的发现为探索超导材料和研究高温超导机制提供了新的起点。

3.4.3 K-Fe-Se 体系中超导相的真实成分和结构

继超导转变温度为 30K 的 $K_xFe_2Se_2$ 被首次报道后，该系列超导体中普遍存在的相分离严重影响了对该超导体系本证物性的研究。国际其他研究组采用布里奇曼（Bridgman）方法或其他高温方法获得 K-Fe-Se 体系纯超导相的各种尝试均未成功。除 30K 超导转变以外，44K 超导转变也时常在部分 K-Fe-Se 体系样品中被观察到，使问题更为复杂。由于所谓 $A_xFe_{2-y}Se_2$ "单晶"样品主相是 245 相，超导相含量很低，因此之前的物性报道有待商榷。获得 K-Fe-Se 体系中超导相的真实成分和结构，是一个重要的研究课题。

为获取 K-Fe-Se 系列超导体的超导相，中国科学院物理研究所陈小龙课题组将液氨法成功用于精确调控碱金属的掺杂量和抑制相分离，首次确认了 K-Fe-Se 体系中超导相的真实成分和结构。研究发现，钾插层 FeSe 化合物中至少存在两个具有完整 FeSe 层的 $ThCr_2Si_2$ 结构超导相（图 37）。课题组进一步研究发现，44K 超导相在提高钾掺杂量后会转变为 30K 超导相，据此判断 30K 相是过掺杂的。更重要的是，氨脱除实验表明，氨只对晶格常数有影响，对超导转变几乎没有影响。因此，上述结论也完全适用于 $K_{0.3}Fe_2Se_2$ 和 $K_{0.6}Fe_2Se_2$ 超导体。该工作澄清了钾铁硒体系中超导相的成分和结构，为今后进一步的研究奠定了基础。

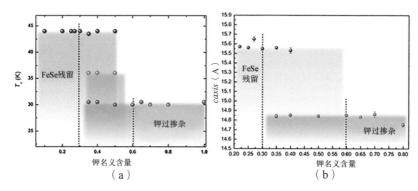

图 37　（a）$K_x(NH_3)_yFe_2Se_2$ 的 T_c 随钾名义含量的变化趋势，T_c 随钾掺杂量的变化是不连续的，不同于铜基或铁砷基超导体呈现的"dome"形状；（b）$K_x(NH_3)_yFe_2Se_2$ 的晶格常数 c 随钾名义含量的变化趋势，存在两个分立的 c，当 $0.3<x<0.6$ 时，两个不同的晶格常数 c 共存

3.4.4　在单晶电子体系中首次实现安德森（Anderson）局域化

半个多世纪前，Anderson 提出无序能引起电子和自旋的局域化。Anderson 局域化对物理学领域的若干概念和现象有着广泛而深刻的影响，如量子霍尔效应、量子临界点、随机矩阵理论、无序金属中电子相互作用等。尽管 Anderson 局域化最初是针对电子提出的，但本质上是一种波的局域现象，并首先在光子、声子、冷原子、机械波、物质波以及低维电子等系统中实现。对于三维电子体系，早期大量工作集中在重掺杂半导体中的金属－绝缘体（MIT）转变，但其 MIT 转变主要与杂质的分立能级向能带转变相关，即出现简并半导体，并不是研究 Anderson 局域化的理想体系。近来，德国武蒂希（Wuttig）课题组首次在 $GeSb_2Te_4$ 多晶中发现仅由无序导致的 MIT 转变，其电子的局域化源于 Ge/Sb 子晶格中空位的无序分布。但由于其晶粒尺寸较小（10~20nm），故不便深入研究晶格无序对于电子局域化的影响。为研究无序对电子体系的影响，在三维单晶中实现电子体系的 Anderson 局域化，是一个重要的研究课题。

中国科学院物理研究所陈小龙课题组通过对金属母相 Fe_7Se_8 进行电子掺杂，并同时诱导系统中铁的无序占位，成功获得了厘米级单晶形态的 $Li_xFe_7Se_8$，并观察到了电子的 Anderson 局域化现象。该工作还进一步给出了更为普适的载流子浓度与无序程度相图（图38），有助于人们发现更多的 Anderson 绝缘体。这是首次在大块单晶中实现电子体系 Anderson 局域化的报道，该成果为研究无序及 MIT 转变研究提供了一个新的研究平台，对该体系的研究将加深人们对无序材料中电子行为的认识。

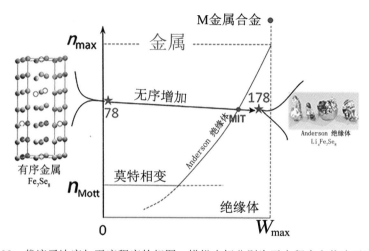

图 38　载流子浓度与无序程度的相图，横纵坐标分别为无序程度和载流子浓度

3.4.5　薄层铁硒（FeSe）单晶的超导电性调控

化学掺杂是一种向固体材料引进载流子的有效方法。化学掺杂能在铜基超导体和铁基超导体中诱导出高温超导电性，前者抑制了反铁磁有序，后者抑制了自旋密度波有序。然而，元素替换改变载流子浓度的范围非常有限，而且在体系中引入了许多无序，很多本征现象没有被观察到。近年来，在二维系统中应用场效应管调控载流子浓度是一种有效控制材料性质的方

式。采用静电掺杂调控载流子浓度的方法，可以大范围调控新型物相的掺杂效应，这对传统材料合成方法一般是难以实现的。

中国科学技术大学陈仙辉课题组利用离子液体栅电压技术，成功调控了 FeSe 薄片样品的超导相。课题组通过栅电压调动到电子掺杂一侧，在原本只有 T_c=10K 的 FeSe 样品中，实现了上临界温度达到 48K 的超导电性。这是首次在没有界面或者外加压力的条件下在 FeSe 薄片样品中实现 40K 以上的超导行为，这也证明只需要简单的电子掺杂过程就能够在 FeSe 中引入 48K 高温超导电性。有趣的是，数据表明从低 T_c 相到高 T_c 相的演变过程是在某一个特定的载流子浓度突然发生的一个利弗希茨（Lifshitz）相变（图 39）。这些结果有利于建立一个 FeSe 基超导体重高温超导电性统一的图像，也有助于将来在这类材料中探索更高的 T_c。

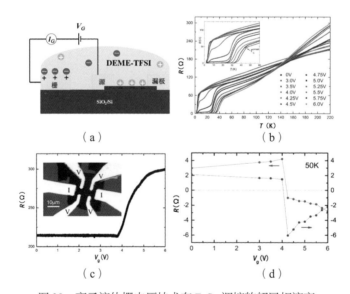

图 39　离子液体栅电压技术在 FeSe 调控的超导相演变

上述新型铁硒基高温超导材料的发现引领了高温超导研究领域的快速发展，对进一步理解非传统高温超导机制起到了关键作用。美国物理学会（APS Physics）和美国材料学会（Materials Research Society）分别

对 $K_xFe_2Se_2$ 的发现进行了专题报道。*Nature Materials* 在其纪念超导发现百年的社论中重点强调了 $K_xFe_2Se_2$ 的发现，并指出"新世纪会发生什么？更多的超导体会被发现。最近在新铁基超导家族 $A_xFe_2Se_2$（A = K，Cs）中发现的 30K 超导转变令人兴奋，尤其是其指向了与所有其他铁基超导体不同的电磁性质。"汤森路透在《研究前沿 2013》中将"Alkali-doped iron selenide superconductors"列为物理学 10 个最活跃的前沿研究之首，充分肯定了中国在这一前沿领域的优势。此外，德国奥格斯堡大学洛伊德尔（Loidl）教授评价 $A_x(NH_3)_yFe_2Se_2$ 的发现"为铁硒基超导体提出了一条全新的路线"。瑞士保罗谢勒研究所康德（Conder）博士称 $A_x(NH_3)_yFe_2Se_2$ 的发现为"第一例从液氨溶液制得碱金属和碱土金属插层铁硒超导体的报道"。迄今为止，41 个国家和地区的 350 多个研究组展开了电子掺杂铁硒基超导体的后续研究，$K_xFe_2Se_2$ 发现的工作被他引超过 1000 次。2020 年，为纪念 *Physical Review B* 创刊 50 周年，编辑部从已发表的 19 万多篇文章中挑选出 50 篇最具学术影响力的论文，$K_xFe_2Se_2$ 的发现是唯一全部由中国学者完成的成果。

3.5 其他新奇晶态材料

3.5.1 金属有机框架多孔材料

我国在多孔材料，特别是 MOF 领域，取得了一系列重要研究进展，包括轻烯烃的分离提纯、CO_2 的捕获、小分子催化转化等，在国际上形成了重要的学术影响，部分成果甚至已达到国际领跑水平。

发展了吸附分离纯化小分子烯烃的新概念和新方法。小分子烯烃，如乙烯、丙烯和 1，3- 丁二烯是全世界最大宗的化工产品、合成塑料和橡胶的重要原料，通常来自石油裂解、由性质非常相似的烯烃和烷烃混合的气体，需要经过高能耗的分离提纯过程。用多孔材料进行吸附分离有可能大大降低能耗，但传统多孔材料优先吸附极性较大的烯烃，不利于简化分离程序，难以获得高纯度烯烃。张杰鹏课题组首先提出了利用超微孔亲水多孔材料选择性吸附乙烷的策略，合成了一个新型 MOF 材料 MAF-49。常温常压下将乙烯／乙烷混合物通过由 MAF-49 构成的固定吸附床时，由于超微孔中限域空间非经典氢键作用，可实现优先捕获乙烷，直接获得高纯乙烯（图 40）。在一个吸附过程中，1L 的 MAF-49 可以生产纯度大于99.95% 的乙烯 56L。

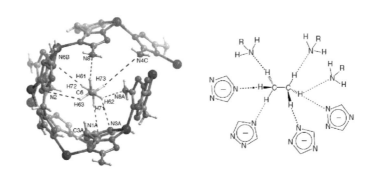

图 40　乙烷分子与超微孔亲水 MAF-49 材料中功能基团所形成的非经典氢键作用

在乙烯／乙烷分离的基础上，张杰鹏课题组进一步提出利用准孤立孔洞及限域空间非经典氢键作用控制柔性客体分子的构型与吸附焓，从而反转 C4 碳氢化合物吸附选择性的策略。他们通过对系列代表性多孔配位聚合物进行实验和理论模拟研究，验证了新策略的有效性，并筛选出最优分离 C4 碳氢化合物材料 MAF-23。常温常压下将 C4 碳氢化合物的混合物通过 MAF-23 填充的固定床吸附装置后，通常最容易被吸附的丁二烯却反常地成为吸附最弱的成分，从而最先流出，而且纯度满足后续聚合反应的要求（>99.5%），有效地避免了目前丁二烯纯化过程中自聚问题（图 41）。

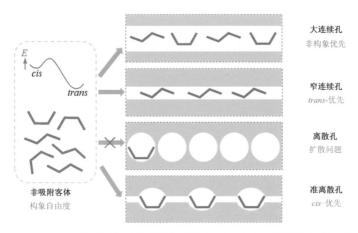

图 41　利用门控型孔道控制客体构型，实现吸附选择性的反转原理

工业上，丙烯通常由丙烷裂解而得，为了去除残留的丙烷，往往以高昂的设备投资和巨大的能量消耗为代价。陆伟刚和李丹研究团队提出了一种新的正交阵列动态筛分机制，成功解决了传统分子筛吸附动力学缓慢和吸附量低的关键问题（图42）。团队基于新筛分机制合成制备的金属－有机框架材料能够快速分离丙烯／丙烷（体积比为1:1）混合物，实现了丙烯／丙烷分离的突破性进展。1kg框架材料可得到53.5L聚合级纯（99.5％）的丙烯。团队通过原位单晶衍射和分子模拟，解析了丙烯／丙烷分子与材料之间的分子相互作用诱导的新筛分机制和动态过程。该研究成果不仅为丙烯／丙烷及其他重要气体分子的高效分离提供绿色解决方案，而且也为设计下一代新型金属－有机框架筛分材料提供了新思路。

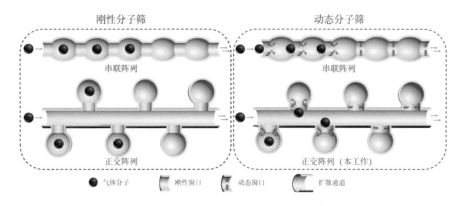

图 42　串联和正交阵列筛分机制示意

　　陆伟刚和李丹研究团队将酶的诱导契合效应引入金属－有机框架，在一例具有一维菱形孔道的柔性金属－有机框架中，发现其对乙炔的吸附焓随着乙炔的吸附有持续增加的反常现象，并通过开放金属位点实现与乙炔的诱导契合。乙炔／二氧化碳的穿透实验发现，乙炔／二氧化碳混合气体（体积比为 50:50）通过活化后的框架材料固体填充柱，在穿透时间为 75min 时出现二氧化碳信号，而乙炔则出现在 150min 以后，证明了该材料对两者具有非常好的分离效果（图 43）。

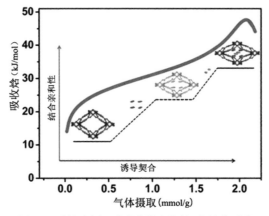

图 43　柔性金属－有机框架诱导契合效应示意

在生物体内，细胞的代谢通常伴随着离子和小分子的跨膜传递（如质子、钙离子、钠离子、钾离子、水分子等）。受自然启发，科学家积极开发人工分子或单元模拟这一重要的生物功能。周小平、李丹研究团队成功构筑一例菱形十二面体金属－有机笼，该笼分子的窗口大小与二氧化碳的动态直径非常相近，通过改变取代基和金属离子的策略，研究人员精细地调控了金属－有机笼的孔径，通过压力诱导，二氧化碳可以穿过其窗口进到金属－有机笼的空穴中，或从空穴中逃逸，从而实现二氧化碳包覆和释放，成功地模拟了肺泡的功能（图44）。

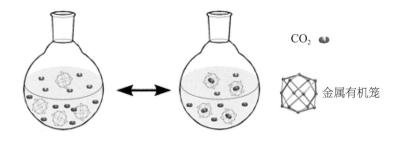

图 44　压力诱导实现二氧化碳包覆 / 释放

3.5.2　二维晶态材料

中国科学技术大学谢毅课题组率先建立了普适性的层状杂化中间体剥离法（图45），制备了系列具有非层状晶体学结构特征的二维超薄晶态材料。同时，对于一些不具备各向异性或者具有弱的各向异性的非层状化合物，课题组首次提出利用配体辅助的 bottom-up 方法制备相应的二维超薄晶态材料。对于层间为化学键的类层状化合物，课题组发展了取代固溶体剥离法和插锂－脱锂剥离法，制备了相应的二维超薄晶态材料。对于层间为范德华力的层状化合物，课题组通过直接液相剥离方法制备了系列二维超薄晶态材料。

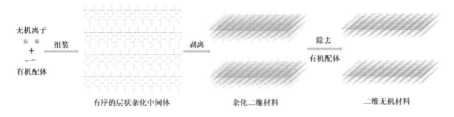

图 45　具有特定原子层厚的二维无机材料的普适性制备策略示意

课题组率先利用同步辐射 X 射线吸收精细结构谱解析了二维超薄晶态材料的原子结构和表面原子不同的配位环境（图 46），相关研究成果被选为"中国科学院重大科技基础设施重大成果"。课题组将正电子湮没技术引到二维超薄晶态材料的缺陷结构表征中，精确表征了其缺陷种类及含量，在此基础上建立其准确的结构参数数据库并给出结构模型，促使该技术迅速成为研究低维固体材料微观结构的特色手段之一。

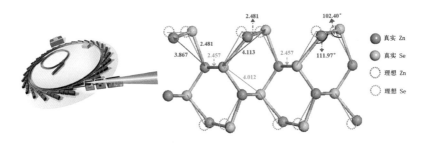

图 46　原子尺度解析二维无机材料的精细结构：同步辐射 X 射线吸收
精细结构谱解析了四原子层厚 ZnSe 的二维原子结构

课题组通过基于密度泛函理论的第一性原理，计算揭示了二维超薄晶态材料相对于块材在费米面附近出现显著增加的态密度这一特殊电子态；基于此，所有基于电子跃迁或电子输运的物性都有望利用该类材料来改善其性能。课题组进一步通过制造缺陷，如空位、掺杂、表面修饰以及结构杂化等，调控了二维无机超薄晶态材料的电子结构，改善其光电催化性能。针对 CO_2 高效定向转化制碳基燃料中的关键科学难题，课题组率先将具有高活性、高密度及高均一表面位点的二维超薄晶态材料作为一种理想模型体系，用于调控和优化二氧化碳光 / 电催化转化性能。其中，二维超薄钴基催化剂的研究工作阐明了超薄结构的特殊电子态高效活化二氧化碳的新机制，实现了低能垒路径下的二氧化碳还原（图 47）。"将二氧化碳高效清洁转化为液体燃料的新型钴基电催化剂"入选了 2016 年度中国科学十大进展。为进一步提升二氧化碳还原产物的选择性，课题组以设计制备的二维超薄双金属硫化物为例，阐明了双活性位改变二氧化碳还原路径的新机制，实现了近 100% 的还原产物选择性，该工作为构建高选择性二氧化碳还原催化剂提供了新思路。

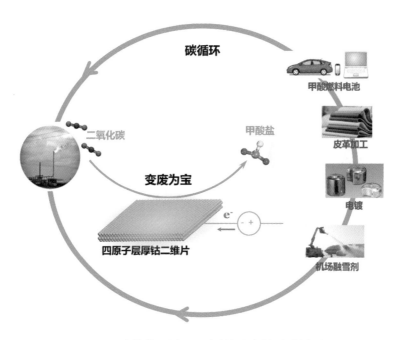

图 47　电催化还原 CO_2 实现绿色经济式碳循环

第4章 展　望

总体来看，在本重大研究计划的执行过程中，我国已经逐步形成了较为完整的晶态新材料研究体系。我国在激光非线性光学晶体、分子铁电体、分子磁体、金属有机框架材料、超导材料和热电材料等晶态材料领域构建了较为完整的基础研究体系，凝聚了一支有先进学术思想、国际前沿水平和创新能力的研究队伍，建立了交叉渗透又协调合作、优势互补的学科体系，涌现了该领域有前瞻性、有能力、能攻关、善进取的学术带头人。在国家自然科学基金委员会和指导专家组的指导和一体化组织实施下，通过近十年不懈努力，我国在所涉及的几个重要前沿新材料领域持续领跑，为占领基础研究制高点，"换道超车"历史性发展机遇提供实际成果。

尽管如此，由于先进材料研究涉及面广，新材料仍层出不穷。相对而言，基础和自主创新能力较为薄弱，研究成果转化慢仍是本领域面临的突出问题，加之晶态新材料研究群体分布广，单点优势突出，故往往缺乏整体和持续发展优势。

从目前看来，尚有以下不足。

（1）源头创新点多面少、发展后劲尚需激励。计划执行期间，虽在一些点上已有领先成果，但仍然点多面少，特别是高水平文章多，拥有核心专利少。即使在我国有领先水平的材料方向上，实际使用的一些关键材料和器件也往往受制于人，所以在重视新概念性能材料研究的同时，必须重视对有重大需求的"卡脖子"关键晶态材料的突破。

（2）对新材料设计、探索、制备、表征、应用全链条认识不足、重视不够。虽对于材料的基元、结构、功能和使役性能之间的关系认识逐步深入，基础研究较为深入，但对于涉及国家重大需求的材料和器件的基础研究重视不足。在集成研究时，没有进一步将有重大应用背景的激光和非线性光学晶体及其制备技术等作为重点予以突破；当前必须发展具有中国特色的理论体系，进入从"必然"到"自由"阶段，亟待进一步发展材料制备基础研究，特别是加强对全链条发展的认识，加强对应用基础研究及其产业化的整体规划，以促进长期持续高水平发展和整体水平的提高。

（3）材料制备科学基础理论研究、新方法和新技术发展薄弱。目前材料研究往往只强调材料本身，而对具有共性的材料制备科学研究重视不够，对材料制备的新方法、新技术和新装备研究少，投入不足，影响材料发展的后劲。"可控制备"新技术尚待进一步发展，关键材料的关键制备技术的发展应引起特别重视。

（4）新材料开发模式创新不足，周期长，效率低。材料研发长期采用学科离散、单一模拟经验尝试或传统试错模式，新材料开发周期长、效率低。国内计算材料科学队伍较分散，缺少有自主知识产权的计算软件，计算材料科学与材料工程应用结合不够紧密。在材料研究设计中，重视了电子及其相关性能的计算，但对于人工智能和量子计算在材料设计和可控制备中的运用重视不够。

（5）多学科交叉、基础和应用的结合有待进一步提高。本重大研究计划高度重视学科的交叉研究，特别是化学与材料、化学与物理、材料与物理的交叉。在前期阶级，化学领域的研究学者原创合成了大量的具有新颖结构类型以及优异性能的新化合物，发展了有效创新的制备方法；物理领域的研究学者发现了物质的新物理现象，探索了新规律；材料领域的研究学者开拓了有应用前景的材料体系，研发了工程技术。但一方面，由于经费的限制，以培育项目和重点项目的项目研究形式在较大程度上是项目负责人在本单位开展的内循环研究，客观上很难进一步深入开展功能导向晶态材料的相关交叉研究。另一方面，由于交叉科学研究的氛围尚在培育中，整个对交叉学科研究成果的归属和项目申请的科技评价等尚在不断完善中，化学、材料和物理的合作尚有巨大空间，来之不易的交叉研究队伍需要重大研究计划管理办法和经费等各方面的持续激励。因此这不仅需要集成项目高强度经费的支持，更需要以发展的思路对重大研究计划给予适度经费的增加，以引导并加强交叉领域实质性的外循环合作研究，包括与国际同行的合作和研究。同样由于经费方面的限制，实施方案中拟计划实施的重大国际合作项目和相关共享平台与数据库的建设尚未实施。

4.1　战略需求

人工智能和量子计算在前沿新材料研发中的加速应用及材料与其他学科将广泛交叉融合，使得前沿新材料的研究和应用进一步扩展。因此亟须持续不断予以支持、发展和扩大整体优势，同时加强关键材料的应用和转化，解决应用和转化中的基础研究问题。

新型晶态材料的研发链条长，包括材料制备及其机制、晶态结构与性能表征、元件加工与器件制备及新晶态的设计和探索等方面，充分体现了材料科学、凝聚态物理、固体化学和机械工程等多学科交叉汇聚的特点。因此，单一的研究机构或者分散的研究团队不能满足新时代信息功能材料的发展需求。

目前，微电子学正和光电子学密切结合，并开始向光子学时代迈进。光电子材料、光子材料将成为发展最快和最有前途的信息材料，先进晶态功能材料的发展对于未来科学技术的发展起着关键的引领作用。用于光电元器件的晶态向着大尺寸、高均匀性、晶格高完整性方向发展，而元器件本身正向薄膜化、多功能化、片式化、超高集成度和低能耗方向发展；微电子技术不断缩小器件的尺寸，增大芯片面积，以提高集成度和信息处理速度，由单片集成向系统集成发展。光电子向纳米结构、非均值、非线性和非平衡态发展。光电集成将是未来十年乃至更久远电子技术发展的一个重要方向。

近年来，大功率激光材料、光通信光传感、高密度存储、微纳制造支撑材料、无源电子元件等光电子材料在全球获得了迅速而广泛的发展和应用。以先进晶态材料为主的颠覆性电子材料与器件的研发日益令人注目。目前兴起的光子集成技术是解决研发问题的有效途径。新一代存储器技术将朝着高速度、小尺寸、低电压、高密度、低功耗、低成本和系统集成等方向发展，本研究计划发展的磁功能分子晶态材料，单分子器件、超导、铁电和热电材料等新晶态材料成为可期待的发展基础。

21世纪后，量子理论的成熟发展以及多种表征技术的不断进步，使人们对材料的认识和研究早已深入到微观亚原子尺寸。人们可以观察和发现材料不同尺度和不同维度之间的关联及其导致的丰富衍生现象与协同现象，开拓量子信息、量子计算以及拓扑物理等新兴研究领域。同时，随着多样化制备技术的不断提升，具有丰富新功能甚至前所未有特性的新材料被不断创造出来，包括完全的人工材料。众多新材料及其新性能新物理现象的发现与前沿物理理论交叉融合，推动着物理理论的进一步完善和发展；同时先进物理理论又指引新物性材料的设计、制备和应用，发展出一系列新型材料和器件，以满足人类科技发展和生活进步的各项需求。

在新型材料与器件中，作为功能性质载体的晶态材料始终占据着极其重要的地位。具有稳定有序晶体结构的晶态材料，由于其易于复合调控以及多样性等，展现出了其丰富的物理内涵和多样化的光、电、磁等宏观功能特性，并在信息、能源、医疗、国防等领域被广泛应用，为产业结构和人类生活带来了革命性的进步。当前，人类已经进入信息社会和大数据时代。传统微电子领域已经从"微电子学"转向"纳电子学"，从"摩尔定律时代"进入"后摩尔时代"。微电子器件与集成电路需从单一器件尺寸微缩到功能性集成，迫切需要突破传统 CMOS（complementary metal oxide semiconductor，互补金属氧化物半导体）瓶颈的新材料、新器件和新设计，如忆阻材料与器件、新型显示材料与器件、超宽禁带半导体材料及器件等，以适应更高速、更智能需求。新型柔性电子器件（包括可穿戴电子设备等）需多功能化、轻薄化、柔性化甚至智能化。柔性电子材料和器件在信息、能源、医疗、国防等应用广泛，将为产业结构和人类生活带来革命性进步。柔性多功能集成电子器件的发展依赖于新型柔性功能材料和尖端制造技术的发展，也有利于满足能源、信息对新一代技术的需求。

在激光和非线性光学晶体领域，当前一个重要的需求是扩展波段的激光应用，从深紫外、红外到量子通信波段，需要各种不同波长的激光。在功能基元研究的基础上，需进一步加强各种功能基元以及不同功能基元间的协同作用，发展新机制、设计新材料、建立新技术，以根据需求获得新的功能晶体及其在中远红外、通信波段和日盲区的应用。此研究国家自然科学基金委员会已于 2018 年作为重大研究项目立项。分子铁电体的化学设计与铁性耦合，利用化学语言可进一步描述朗道唯象理论、居里对称性原理和诺埃曼原理等与铁电相变密切相关的基础理论，并有针对性地提出分子铁电体定向设计策略"似球－非球理论"。结构和对称性调控可实现铁电功能导向晶态材料的结构设计和可控制备，丰满与完善"托氟效应"。"托氟效应"有望实现手性的可控引入与调控，构筑具有单一手性的分子铁电体，大大丰富分子铁电体的应用前景。同时，通过合理的分子设计，"托氟效应"可以使 T_c 与 P_s 大幅提高,为制备具有高性能的分子基铁电器件打下扎实基础。在分子铁电可控合成的基础上,通过对称性设计、极轴调控等方法,有望获得达到甚至超越无机材料性能的下一代分子压电材料,使分子基压电材料成为无机压电材料的有益补充。此研究国家自然科学基金委员会已于 2019 年作为重大研究项目立项。

未来,我国在磁功能分子晶态材料领域要以新型分子体系磁性量子材料的精准合成、多稳态构筑及调控机制为基础,合成高临界温度的分子磁体、高阻塞温度单分子磁体和 4d/5d 重过渡系单链磁体,探索分子磁性材料的结构–性能关系及其调控规律。同时以构筑新型磁结构、开发新材料为研究主线,结合物理、材料科学手段和结构模拟,探索分子磁性材料在自旋操控、量子相干、量子纠缠、信息存储和分子自旋电子学等方面的应用。最后建立相应的表征和评价手段,构筑具有实际应用前景的分子自旋电子器件。

在超导方面,美国和日本是铜氧化物高温超导和铁基高温超导研究的传统强国,分别引领了铜基及铁砷基高温超导体的发现。国内虽然快速跟上,在铜基及铁砷基高温超导体的超导温度竞争中不落下风,在电子掺杂 FeSe 超导体及 FeSe/STO 界面超导等领域发挥了原创和引领作用,但依然缺乏诺贝尔奖级的重要原创性工作。此外,在超导机制的理论及关键实验测量方面,国内较前期已有了全面进步,但仍相对落后于美国,有必要继续保持对该方向的持续投入,争取首先破解非常规超导机制这一物理学的基本问题。

在超导研究方面,国内在铁基超导材料应用方面处于领跑水平。但在实用化器件应用,即成套设备方面,我国与美国和日本有着较大差距。在该方向上,将来应该会有高压传统超导,中国科学家虽在该领域的理论方面走在世界的前列,但在实验研究上还有待进一步突破,希望可以在室温超导这一领域实现引领。实用化有大量的市场需求,有待国内高校院所加大投入。

在热电方面，总体来说，我国在新型半导体热电材料的研发达到了世界先进水平，但目前主体集中在中高温区热电材料的研发上，在中低温区材料的研发上有所不足。此外，特别在高效热电器件上的研究，我国与美国等热电材料强国差距较大。因此，这些研究领域也依然需要进行持续投入和研究。

量子通信和光计算将会逐步替代以微电子为基础的光纤通信和电子计算机。新的光子材料的研究以及应用应该成为光电信息材料的前沿和热点，特别是具有优异光双稳态的材料及相应的新型器件，将是新时期新型高技术产业的基础和先导。故需逐步发展新的量子通信和光子计算所需要的材料和芯片，以解决关键材料和器件的设计和设备。

先进晶态材料是发展战略新兴产业的先导和基础，需要围绕现代通信、计算机、信息网络技术、微机械智能系统、工业自动化和家电等现代高技术产业，重点突破微电子、光电子体、电子元器件功能材料为代表的晶态功能材料的核心技术，保障关键材料的有效供给。我国应着力提高自主创新能力，以科技与人才为支撑，构建新型材料工程科技创新体系，支持量大面广和国家重大工程亟需的材料领域的工程化建设，重点解决这类功能材料规模化生产工艺、装备技术及环保配套设施建设等问题，大幅度提高新型材料产业的国际竞争力。

4.2 展望和建议

当前，新一轮科技革命正在酝酿，我们面对的是一个知识大融合、大汇聚的时代，不同学科之间及学科内部分支之间依赖性越来越强。功能晶态材料作为典型的交叉学科，领域内的竞争较以往更加激烈。为了迎接会聚时代的到来，在新一轮科技革命中占据有利地位，需要集中力量在国家战略需求和新兴产业发展密切相关的若干先进晶态材料方面联合攻关，取得重大突破,以支撑我国信息技术、高端装备与制造、先进医疗等新兴产业,以及国家重大工程的持续创新发展。

从稳定学科发展的角度看,对高性能新材料的研发、对国防和经济建设起瓶颈作用的传统材料的突破开发进行持续支持至关重要。通过化学家、材料学家、物理学家敏锐的判断和不懈努力,我国化学和材料学的研究处于世界前列,SCI 收录论文数仅次于美国位列第二。但具有原创性、能广泛应用的有自主知识产权的材料仍与发达国家有着严重的差距,特别是涉及国防和经济安全的关键材料,仍受制于人。故要保持目前良好的发展态势,提升中国材料研究领域的国际影响,支撑我国的可持续发展,进一步增加支持是完全必要的。

近年来,国际上化学、材料和物理学科的交叉与前沿研究日新月异,本重大研究计划顺应这一趋势,在"功能导向晶态材料的结构设计和可控制备"基金项目的带动下凝聚了一支创新研究队伍,从欧、美、日等地留学归国青年学者的加入尤为注目。他们在化学、材料和物理学科有扎实的基础,具备高水平交叉研究素质,回国后大多在化学、材料和物理学科的核心和前沿开展创新研究,开始获得具有国际影响力的成果,但因各种原因,很多优秀的青年学者尚未获得本重大研究计划支持。因此有必要设置新的培育和重点项目,支持优秀的青年学者从事本领域的研究,以形成重大研究计划研究平台对优秀青年科技人才的集聚效应。

在执行重大研究计划的十年中,我国在晶态材料科学技术领域取得了很大的进展。随着晶态材料领域国际竞争的日益加剧,特别是在美国对我国"卡脖子"材料实施全面禁运的国际形势下,我国对涉及国家安全的关键技术发展,在现在取得举世瞩目成果的基础上,进一步系统开展新功能晶态材料的基础研究刻不容缓。为此,提出如下一些建议。

（1）重视基础研究，增强创新能力，保持特色优势，为我国功能晶态材料的发展提供不竭的源头。我国特别应当进一步加强新型晶态功能材料的研究，重视人工智能和量子计算等在晶态材料设计、功能基元性质、可控制备等方面的重要作用，以扭转我国在"卡脖子"晶态材料的被动状况，以在晶态材料研究方面取得突破性进展，创建一批有自主知识产权的新材料，并形成在晶态材料研究领域的自主研究特色，特别是在新型功能晶态方面实现新的跨越。

（2）进一步加强化学学科和材料科学的交叉和结合，同时要进一步扩展和其他学科，特别是凝聚态物理学、信息科学、医学和生物学等学科的交叉，发展新的晶态材料研究和发展领域。

（3）加强顶层设计，完善支撑政策，加快功能晶态材料的应用。从整体看，材料研究由应用牵引的研究格局不会改变。我国应加强对材料基础研究的投入，适度超前安排，着力推动功能晶态材料产业发展与高端制造业技术的汇聚，形成以"自动控制＋人工智能（AC+AI）"为特征的核心装备技术平台、材料制备技术平台和精细加工平台，贯穿"物理设计—虚拟验证—材料加工—结构组装—器件制备—集成封装—特性表征"的综合能力，缩短信息功能材料实现应用周期。

（4）采取重点突破，集中力量攻克一批有前沿研究成果、有重大应用前景材料的转化壁垒。根据我国在功能晶态材料部分领域处于优势地位，以国际光电产业需求为背景，以世界市场为导向，集中力量，发挥优势，采取重点突破，集中力量攻克一部分对国民经济和国防建设有重大意义的功能晶态材料及器件，保障我国经济发展与国防战略安全。

（5）加强可控制备和关键制备技术以及相关设备的基础科学和技术问题研究，突出重点，为解决"卡脖子"关键材料和器件问题、提高反制他人能力做出贡献。在全链条发展、促进科技成果转移转化和人才会聚等方面取得重大突破，助力我国实现从材料大国到材料强国的转变。

参考文献

[1] Fu D W, Cai H L, Liu Y, et al. Diisopropylammonium Bromide is a High-Temperature Molecular Ferroelectric Crystal [J]. Science, 2013, 339: 425.

[2] You Y M, Liao W Q, Zhao D W, et al. An Organic-Inorganic Perovskite Ferroelectric with Large Piezoelectric Response [J]. Science, 2017, 357: 306.

[3] Ye H Y, Tang Y Y, Li P F, et al. Metal-Free Three-Dimensional Perovskite Ferroelectrics [J]. Science, 2018, 361: 151.

[4] Liao W Q, Zhao D W, Tang Y Y, et al. A Molecular Perovskite Solid Solution with Piezoelectricity Stronger than Lead Zirconate Titanate [J]. Science, 2019, 363: 1206.

[5] Li P F, Liao W Q, Tang Y Y, et al. Organic Enantiomeric High-T_c Ferroelectrics [J]. Proceedings of the National Academy of Sciences of the United States of America, 2019, 116: 5878.

[6] Zhang H Y, Tang Y Y, Shi P P, et al. Toward the Targeted Design of Molecular Ferroelectrics: Modifying Molecular Symmetries and Homochirality [J]. Accounts of Chemical Research, 2019, 52: 1928.

[7] Sessoli R, Gatteschi D, Caneschi A, et al. Magnetic Bistability in a Metal-Ion Cluster [J]. Nature, 1993, 365: 141.

[8] Ako A M, Hewitt I J, Mereacre V, et al. A Ferromagnetically Coupled Mn_{19} Aggregate with a Record $S = 83/2$ Ground Spin State [J]. Angewandte Chemie International Edition, 2006, 45: 4926.

[9] Ishikawa N, Sugita M, Ishikawa T, et al. Lanthanide Double-Decker Complexes Functioning as Magnets at the Single-Molecular Level [J]. Journal of the American Chemical Society, 2003, 125: 8694.

[10] AlDamen M A, Clemente-Juan J M, Coronado E, et al. Mononuclear Lanthanide Single-

Molecule Magnets Based on Polyoxometalates [J]. Journal of the American Chemical Society, 2008, 130: 8874.

[11] Jiang S D. An Organometallic Single-Ion Magnet [J]. Journal of the American Chemical Society, 2016, 138: 2829.

[12] Liu J L, ChenY C, Zheng Y Z, et al. Switching the Anisotropy Barrier of a Single-Ion Magnet by Symmetry Change from Quasi-D_{5h} to Quasi-O_h [J]. Chemical Science, 2013, 4: 3310.

[13] Chen Y C. Symmetry-Supported Magnetic Blocking at 20 K in Pentagonal Bipyramidal Dy(Ⅲ) Single-Ion Magnets [J]. Journal of the American Chemical Society, 2016, 138: 2829.

[14] Liu J, Chen Y C, Liu J L, et al. A Stable Pentagonal Bipyramidal Dy(Ⅲ) Single-Ion Magnet with a Record Magnetization Reversal Barrier over 1000 K [J]. Journal of the American Chemical Society, 2016, 138: 5441.

[15] Goodwin C A P, Ortu F, Reta D, et al. Molecular Magnetic Hysteresis at 60 Kelvin in Dysprosocenium [J]. Nature, 2017, 548: 439.

[16] Guo F S. A Dysprosium Metallocene Single-Molecule Magnetfunctioning at the Axial Limit [J]. Angewandte Chemie International Edition, 2017, 56: 11445.

[17] Guo F S, Benjamin M, Chen Y C, et al. Magnetic Hysteresis up to 80 Kelvin in a Dysprosium Metallocene Single-Molecule Magnet [J]. Science, 2018, 362: 1400.

[18] Vincent R, Klyatskaya S, Ruben M, et al. Electronic Read-Out of a Single Nuclear Spin Using a Molecular Spin Transistor [J]. Nature, 2012, 488: 357.

[19] Godfrin C, Thiele S, Ferhat A, et al. Electrically Driven Nuclear Spin Resonance in Single-Molecule Magnets [J]. Science, 2014, 344: 1135.

[20] Kamihara Y, Watanabe T, Hirano M, et al. Iron-Based Layered Superconductor La[$O_{1-x}F_x$]FeAs (x=0.05−0.12) with T_c = 26 K [J]. Journal of the American Chemical Society, 2008, 130: 3296.

[21] Ren Z A, Lu W, Yang J, et al. Superconductivity at 55 K in Iron Based F-Doped Layered Quaternary Compound Sm[$O_{1-x}F_x$]FeAs [J]. Chinese Physics Letters, 2008, 25: 215.

[22] Guo J G, Jin S F, Wang G, et al. Superconductivity in the Iron Selenide $K_xFe_2Se_2$ ($0<x<1$) [J]. Physical Review B, 2010, 82: 180520.

[23] Ying T P, Chen X L, Wang G, et al. Observation of Superconductivity at 30~46 K in $A_xFe_2Se_2$ (A = Li, Na, Ba, Sr, Ca, Yb, and Eu) [J]. Scientific Reports, 2012, 2: 426.

[24] Ying T P, Chen X L, Wang G, et al. Superconducting Phases in Potassium-Intercalated Iron Selenides [J]. Journal of the American Chemical Society, 2013, 135: 2951-2954.

[25] Lu X F, Wang N Z, Wu H, et al. Coexistence of Superconductivity and Antiferromagnetism in $(Li_{0.8}Fe_{0.2})OHFeSe$ [J]. Nature Materials, 2015, 14: 325.

[26] Ge J F, Liu Z L, Liu C, et al.Superconductivity above 100 K in Single-Layer FeSe Films on Doped $SrTiO_3$ [J]. Nature Materials, 2015, 14: 285.

[27] Drozdov A P, Eremets M I, Troyan I A, et al. Shylin: Conventional Superconductivity at 203 Kelvin at High Pressures in the Sulfur Hydride System [J]. Nature, 2015, 525: 73-76.

[28] Drozdov A P, Kong P P, Minkov V S, et al. Eremets: Superconductivity at 250 K in Lanthanum Hydride under High Pressures [J]. Nature, 2019, 569: 528-531.

[29] Biswas K, He J, Blum I D, et al. High-Performance Bulk Thermoelectrics with All-Scale Hierarchical Architectures [J]. Nature, 2012, 489: 414-418.

[30] Zhao L D, Tan G J, Hao S Q, et al. Ultrahigh Power Factor and Thermoelectric Performance in Hole-Doped Single-Crystal SnSe [J]. Science, 2016, 351: 141-144.

成果附录

附录 1　代表性论文目录

[1]　Gao S, Lin Y, Jiao X C, et al. Partially Oxidized Atomic Cobalt Layers for Carbon Dioxide Electroreduction to Liquid Fuel [J]. Nature, 2016, 529(7584): 68-72.

[2]　Feng G D, Cheng P, Yan W F, et al. Accelerated Crystallization of Zeolites via Hydroxyl Free Radicals [J]. Science, 2016, 351(6278): 1188-1191.

[3]　Guo F S, Day B M, Chen Y C, et al. Magnetic Hysteresis up to 80 Kelvin in a Dysprosium Metallocene Single-Molecule Magnet [J]. Science, 2018, 362(6421): 1400-1403.

[4]　You Y M, Liao W Q, Zhao D W, et al. An Organic-Inorganic Perovskite Ferroelectric with Large Piezoelectric Response [J]. Science, 2017, 357(6348): 306-309.

[5]　Ye H Y, Tang Y Y, Li P F, et al. Metal-Free Three-Dimensional Perovskite Ferroelectrics [J]. Science, 2018, 361(6398): 151-155.

[6]　Lin T Q, Chen I W, Liu F X, et al. Nitrogen-Doped Mesoporous Carbon of Extraordinary Capacitance for Electrochemical Energy Storage [J]. Science, 2015, 350(6267): 1508-1513.

[7]　Zhang L X, Chen J, Fan L L, et al. Giant Polarization in Super-Tetragonal Thin Films through Interphase Strain [J]. Science, 2018, 361(6421): 494-497.

[8]　Huang Q, Yu D L, Xu B, et al. Nanotwinned Diamond with Unprecedented Hardness and Stability [J]. Nature, 2014, 510(7504): 250-253.

[9]　Tian Y, Xu B, Yu D, et al. Ultrahard Nanotwinned Cubic Boron Nitride [J]. Nature, 2013, 493: 385-388.

[10] Fu D W, Cai H L, Liu Y, et al. Diisopropylammonium Bromide is a High-Temperature Molecular Ferroelectric Crystal [J]. Science, 2013, 339(6118): 425-428.

[11] Wen Z, Li C, Li A D, et al. Ferroelectric-Field-Effect-Enhanced Electroresistance in Metal/Ferroelectric/Semiconductor Tunnel Junctions [J]. Nature Materials, 2013, 12(7): 617-621.

[12] Jiang S D, Wang B W, Su G, et al. A Mononuclear Dysprosium Complex Featuring Single-Molecule-Magnet Behavior [J]. Angewandte Chemie International Edition, 2010, 49(41): 7448-7451.

[13] Jiang S D, Wang B W, Sun H L, et al. An Organometallic Single-Ion Magnet [J]. Journal of the American Chemical Society, 2011, 133(13): 4730-4733.

[14] Zhang G, Li Y J, Jiang K, et al. A New Mixed Halide, $Cs_2HgI_2Cl_2$: Molecular Engineering for a New Nonlinear Optical Material in the Infrared Region [J]. Journal of the American Chemical Society, 2012, 134(36): 14818-14822.

[15] Zou G H, Huang L, Ye N, et al. $CsPbCO_3F$: A Strong Second-Harmonic Generation Material Derived from Enhancement via $p-\pi$ Interaction [J]. Journal of the American Chemical Society, 2013, 135(49): 18560-18566.

[16] Luo M, Liang F, Song Y X, et al. $M_2B_{10}O_{14}F_6$ (M = Ca, Sr): Two Noncentrosymmetric Alkaline Earth Fluorooxoborates as Promising Next-Generation Deep-Ultraviolet Nonlinear [J]. Journal of the American Chemical Society, 2018, 140: 3884-3887.

[17] Shao M F, Ning F Y, Zhao J W, et al. Preparation of $Fe_3O_4@SiO_2@$Layered Double Hydroxide Core-Shell Microspheres for Magnetic Separation of Proteins [J]. Journal of the American Chemical Society, 2012, 134(2): 1071-1077.

[18] Hu Y Q, Zeng M H, Zhang K, et al. Tracking the Formation of a Polynuclear Co_{16} Complex and Its Elimination and Substitution Reactions by Mass Spectroscopy and Crystallography [J]. Journal of the American Chemical Society, 2013, 135(21): 7901-7908.

[19] Wu P Y, He C, Wang J, et al. Photoactive Chiral Metal-Organic Frameworks for Light-Driven Asymmetric α-Alkylation of Aldehydes [J]. Journal of the American Chemical Society, 2012, 134(36): 14991-14999.

附录2 获得国家科学技术奖励项目

"功能导向晶态材料的结构设计和可控制备" 获得国家科学技术奖励项目

项目批准号	获奖项目名称	完成人（排名）[1]	完成单位	获奖项目编号	获奖类别[2]	获奖等级	获奖年份
90922016	特征结构导向构筑无机纳米功能材料	谢毅（1）	中国科学技术大学	2012-Z-108-2-02	Z	二等奖	2012
90922017	若干分子基材料的自组装、聚集态结构和性能	李勇军（3）	中国科学院化学研究所	2014-Z-103-2-05	Z	二等奖	2014
91122016	低维光功能材料的控制合成与物化性能	付红兵（3），马颖（4）	中国科学院化学研究所	2014-Z-103-2-02 2014-Z-103-2-03	Z	二等奖	2014
91222203							
91122028	氧基簇合物的设计与组装策略	杨国昱（1）	中国科学院福建物质结构研究所	2016-Z-103-2-05	Z	二等奖	2016
91122029	特定结构无机多孔晶体的设计与合成	于吉红（1）	吉林大学	2012-Z-103-2-02	Z	二等奖	2012
91122034	面向大阳能利用的高性能光电材料和器件的结构设计与性能调控	黄富强（1），王耀明（2），林天全（3），毕辉（4）	中国科学院上海硅酸盐研究所	2017-Z-108-2-02	Z	二等奖	2017
91122035	磁电衍生新材料及高压调控的量子序	靳常青（1）	中科院物理研究所	2016-Z-102-2-02	Z	二等奖	2016
91222201	纳微配位空间间的金属–有机超分子组装行为及构效关系	苏成勇（1），潘梅（4）	中山大学	2013-Z-103-2-04	Z	二等奖	2013
91222203	有机场效应晶体管基本物理化学问题的研究	胡文平（1）	中国科学院化学研究所	2016-Z-103-2-03	Z	二等奖	2016
91422301	新型分子基铁电体的基础研究	熊仁根（1）	东南大学	2017-Z-103-2-03	Z	二等奖	2017
91022024	中远红外非线性光学晶体XXXX生长技术及应用	杨春晖（1）	哈尔滨工业大学	2013-F-24202-2-02	F	二等奖	2013
91022034	硼酸盐激光自倍频晶体制备技术及其小功率绿光激光器件商品化应用	王继扬（1）	山东大学，中科院理化技术研究所	2012-F-307-2-04	F	二等奖	2012

注：1. 本重大研究计划资助项目有关的完成人及其排名顺序。
2. Z代表国家自然科学奖，F代表国家技术发明奖。

附录3　代表性发明专利

"功能导向晶态材料的结构设计和可控制备""代表性发明专利"

项目批准号	发明名称	发明人（排名）[1]	专利号	专利申请时间	专利权人	授权时间
90922032	一种金属－自由基配合物型磁性材料及其制备和应用	程鹏（1）	ZL201210584653.X	2012-12-27	南开大学	2015-01-07
90922032	一种萘环结构的氮氧自由基金属配合物及其制备方法	程鹏（1）	ZL201410376669.0	2014-08-05	南开大学	2017-01-11
90922032	一种基于钆离子的沸石型金属有机框架材料及其制备方法	师唯（1）	ZL201610605715.9	2016-07-25	南开大学	2018-02-19
91122008	一种以MOF为模板制备金属氧化物的方法及其在锂电池负极材料中的应用	蔡跃鹏（4）	ZL201610390470.2	2016-06-01	华南师范大学	2018-08-28
91022026	$K_3YB_6O_{12}$化合物、$K_3YB_6O_{12}$非线性光学晶体及制备法和用途	张国春（1）	ZL201110433285.2	2011-12-21	中国科学院理化技术研究所	2015-06-10
91022026	$K_3Al_3(PO_4)_3$非线性光学晶体的制备及用途	张国春（1）	CN101775652B	2010-02-08	中国科学院理化技术研究所	2012-05-30
91022026	一种新型绿色荧光粉硼酸钾钒钒及其制备方法	张国春（1）	CN102127103B	2010-11-26	中国科学院理化技术研究所	2012-09-05
91122009	一种镧化钴酞菁敏化二氧化钛复合光催化剂的制备方法	边永忠（1）	CN201510702522.0	2015-10-26	北京科技大学	2018-10-23
91122028	一种非线性光学晶体乙烯三胺合镉六硼酸铝及其制备和用途	杨国昱（1）	ZL201010116297.X	2012-07-02	中国科学院福建物质结构研究所	2015-05-13
91122028	一种非线性光学及铁电晶体二甲基铵四硼酸铝及其制备和用途	杨国昱（1）	ZL201010116292.7	2012-07-02	中国科学院福建物质结构研究所	2015-06-17
91122028	一种非线性光学晶体一水合二甲基铵五硼酸铝及其制备和用途	杨国昱（1）	ZL201010116196.2	2012-07-02	中国科学院福建物质结构研究所	2015-06-17
91022036	非线性光学晶体碘酸铋钾及其制备方法和应用	秦金贵（3）	ZL201410058201.7	2014-02-20	武汉大学	2015-12-30
91022036	一种无机晶体化合物及其制备方法和应用	秦金贵（5）	ZL201410034743.0	2014-01-24	武汉大学	2015-10-21

续表

项目批准号	发明名称	发明人（排名）[1]	专利号	专利申请时间	专利权人	授权时间
91022036	一种钼铝硝酸钾化合物、其非线性光学晶体及其制法方法和用途	林哲帅（2）	ZL201310289080.2	2013-7-10	中国科学院理化技术研究所	2016-01-27
91022036	钼磷酸盐化合物、钼磷酸盐非线性光学晶体及制法和用途	林哲帅（2）	ZL201310217410.7	2013-6-3	中国科学院理化技术研究所	2017-05-17
91022036	氟硼硝酸钾、氟硼硝酸钾非线性光学晶体制法及用途	林哲帅（2）	ZL201310188733.8	2013-5-21	中国科学院理化技术研究所	2017-02-08
90922034	稀土石榴石型铁氧体化合物及其制备方法	冯守华（1）	ZL201019100013.5	2010-2-8	吉林大学	2012-10-24
90922034	高温高压循环搅拌气液相反应釜	冯守华（2）	ZL201210290811.0	2012-8-15	吉林大学	2012-12-26
91122034	双温区还原法制备黑色二氧化钛的方法	黄富强（1）	201310153648.8	2013-4-28	中国科学院上海硅酸盐研究所	2014-09-10
91122034	氢等离子体辅助氢化制备黑色二氧化钛的方法	黄富强（1）	201310153657.7	2013-4-28	中国科学院上海硅酸盐研究所	2015-02-11

注：1. 本重大研究计划资助项目有关的发明人及其排名顺序。

111

索　引
（按拼音排序）

图书在版编目（CIP）数据

功能导向晶态材料的结构设计和可控制备 / 功能导
向晶态材料的结构设计和可控制备项目组编. -- 杭州 ：
浙江大学出版社，2022.6
（中国基础研究报告 / 杨卫总主编）
ISBN 978-7-308-22823-7

Ⅰ．①功… Ⅱ．①功… Ⅲ．①晶体－功能材料－研究
Ⅳ．①TB34

中国版本图书馆CIP数据核字(2022)第123871号

功能导向晶态材料的结构设计和可控制备
功能导向晶态材料的结构设计和可控制备项目组　编

丛书统筹	国家自然科学基金委员会科学传播与成果转化中心
	张志旻　齐昆鹏
策划编辑	徐有智　许佳颖
责任编辑	陈　宇　赵　伟
责任校对	张培洁
封面设计	程　晨
出版发行	浙江大学出版社
	（杭州市天目山路148号　　邮政编码　310007）
	（网址：http://www.zjupress.com）
排　　版	杭州林智广告有限公司
印　　刷	浙江海虹彩色印务有限公司
开　　本	710mm×1000mm　1/16
印　　张	8.25
字　　数	120千
版 印 次	2022年6月第1版　2022年6月第1次印刷
书　　号	ISBN 978-7-308-22823-7
定　　价	78.00元